ESSAI

SUR

LES MICROSCOPIQUES.

De la part de l'auteur
à Mr Robbe hommage
et témoignage de
[illegible]
[illegible]

ESSAI
D'UNE CLASSIFICATION
DES ANIMAUX
MICROSCOPIQUES.

PAR M. BORY DE St-VINCENT,
CORRESPONDANT DE L'INSTITUT, etc.

EXTRAIT DU TOME II (ZOOPHYTES), HISTOIRE NATURELLE,
DE L'ENCYCLOPÉDIE MÉTHODIQUE.

PARIS,
DE L'IMPRIMERIE DE Mme VEUVE AGASSE,
RUE DES POITEVINS, N° 6.

1826.

A M. DE LAMARCK,

DE L'INSTITUT DE FRANCE (ACADÉMIE DES SCIENCES), PROFESSEUR AU MUSÉUM D'HISTOIRE NATURELLE DE PARIS, etc. etc. etc.

MONSIEUR,

LORSQUE, dans ma première jeunesse, je cherchois dans la nature quelque diversion aux devoirs que m'imposoit un gouverneur tant soit peu rigoureux, votre *Flore française* à la main, je passois mes heures de récréation avec les fleurs. Lorsque, sous vos auspices, j'eus ainsi fait connoissance avec les plantes dont se parent nos campagnes, et que mon ardeur, accrue par la botanique, me poussoit vers les végétaux étrangers dont mes parens embellissoient leurs jardins, vos ouvrages furent toujours mes guides, car la partie de l'Encyclopédie méthodique qu'on vous doit avoit déjà paru. Enfin, lorsque, plus tard, je tentai d'établir l'ordre dans un musée réuni à grands frais par ma famille depuis plusieurs

*

générations, vous fûtes encore, non moins que l'immortel Linné, mon maître en zoologie, comme vous l'aviez été avec ce grand homme, dans l'aimable science des plantes. Je reconnus bientôt qu'entre les naturalistes français qu'on s'efforçoit de mettre sur la même ligne que le législateur suédois, vous seul, Monsieur, qu'on n'y mettoit pourtant pas, étiez digne de cet insigne honneur; car dès vos premiers pas dans la carrière, vous aviez égalé notre habile Tournefort en botanique, et plus tard surpassé dans la connoissance du règne animal notre illustre Buffon. Embrassant l'ensemble de la nature organique, vous traitiez avec une égale supériorité, comme Linné, l'histoire de ses principales parties, lesquelles sont devenues tellement vastes et séparées, qu'il n'est que vous, Monsieur, après ce grand homme, qui les ayez cultivées parallèlement avec succès.

De la comparaison que vous aviez faite de tant d'objets divers soumis à vos immenses recherches, jaillit cette multitude de vues nouvelles qu'on vous doit et qui deviendront fécondes, parce qu'elles sont fondées sur les lois immuables d'où résulte la création. Ceux qui ne s'occupèrent que d'un rameau de la science ne les ont pas toujours comprises ces vérités que vous avez le premier entrevues et proclamées ; mais les observateurs scrupuleux qui savent apprécier l'importance des plus petites choses dans le vaste ensemble des harmonies, et qui n'ignorent pas que pour se rendre raison des grandes il faut d'abord interroger les moindres, suivront désormais vos traces et confirmeront beaucoup de vos théories par leurs découvertes. Vous aurez donc, Monsieur, contribué plus qu'aucun autre à l'avancement d'une science, devenue la première de toutes par le genre d'importance philosophique que vous lui aviez imprimée dans vos cours et dans vos immortels ouvrages.

C'est conséquemment en qualité d'élève, pénétré de reconnoissance, que je viens aujourd'hui vous offrir l'humble hommage d'un travail entrepris dès l'époque où je commençai à vous entendre. Si vous y trouvez quelque mérite, c'est à l'application de vos principes que je devrai le suffrage que j'estimerai le plus précieux.

En vous soumettant mes vues sur la classification des plus petites créatures, il n'entroit pas dans mon plan de m'étendre sur le rôle important que ces sortes d'atomes vivans jouent dans l'immensité de l'Univers. De telles considérations, dont un autre essai (1) fut le premier jet, n'étoient point inhérentes à l'établissement d'une méthode : elles compléteront un plus grand travail, à la perfection duquel manquent des observations à faire dans les régions intertropicales que je n'ai pas perdu l'espoir de visiter une seconde fois ; observations sans lesquelles je renoncerois à une publication incomplète, car vous m'avez encore enseigné, Monsieur, combien les livres laborieusement et consciencieusement composés, quelque modeste que puisse être leur format, l'emportent sur ces fastueuses et interminables publications entreprises sans plan arrêté, pompeusement produites dans le monde par d'habiles spéculateurs en librairie, qui se réservent d'y faire ajouter volumes sur volumes, selon la célébrité que sera parvenu à se faire l'auteur, et rédigées bien plus comme un moyen d'avancement pour celui-ci, que pour aider à l'avancement des connoissances humaines.

En histoire naturelle comme dans les autres sciences, ce n'est cependant point sur la quantité et sur le luxe des volumes, mais sur leur contenu que se fondent les réputations solides

---

(1) *De la Matière sous les rapports de l'histoire naturelle.* Paris, 1823, chez Levrault, rue de la Harpe, n°. 81.

comme la vôtre, Monsieur. Un auteur qui soigne plus sa renommée que ses écrits, peut bien, pour éblouir le vulgaire, emprunter le pinceau gracieux et savant des Huet, des Bésa, des Turpin et des Poiteau, le burin précieux et correct des Sellier et des Coutant, les magnifiques caractères des Didot, ou les vastes relations commerciales des Arthus-Bertrand, des Gide et des Treuttel et Wurtz; associer à tous ses ouvrages quelque collaborateur subalterne à qui suffit une petite part de renommée accessoire; faire durer pendant plus d'un quart de siècle l'apparition d'un livre devenu suranné avant la naissance de son troisième ou quatrième volume, et dont chaque feuille d'impression ou la moindre gravure fournit le texte de vingt panégyriques dans vingt journaux différens; défaire dans une livraison ce qui fut établi dans une autre, de sorte que la dernière soit toujours comme un *errata* des précédentes; s'emparer d'un recueil périodique pour appeler régulièrement sur lui l'attention de l'Univers chaque trente ou trente-un des mois, en se louant soi-même et critiquant avec amertume tout émule qui étudie au lieu de perdre son temps dans les antichambres des grands; encenser enfin jusqu'au point d'alarmer leur modestie, les savans que leur position sociale met en crédit, et dont on attend à l'Institut des rapports emphatiquement favorables sur les plus minces Mémoires. De tels moyens de violenter l'attention du public ne furent jamais les vôtres ; aussi peu de journalistes se sont occupés de vous, Monsieur, nul ne vous appelle *illustre* ou *célèbre* en vous citant à tout propos ou hors de propos ; mais la postérité a déjà commencé pour les créations de votre génie, en dépit qu'en puissent avoir certains solliciteurs perpétuels qui, visant au fauteuil académique ou bien à la place où vous brillez entre les plus habiles professeurs de l'Europe, craindroient de se compromettre en citant votre nom dans le discours préliminaire de leur livre, ou proposeroient témérairement leurs méthodes informes et précipitamment bâties, à celles dont vous avez longuement médité le solide et savant arrangement. Quant à moi, Monsieur et respectable maître, qui n'ai de prétention à aucune des places que vous avez remplies avec tant d'éclat, et qui me sens de plus en plus étranger au siècle où le charlatanisme devient à peu près le seul moyen de subtiliser des emplois ou la renommée, interrogeant la nature seulement pour ma consolation, je ne sollicite que la révélation de quelques-uns des secrets que vous n'avez pas encore ravis à cette mère commune, avec la bénédiction du respectable vétéran de la science. Répandez-la, vénérable maître, sur votre humble élève, elle lui portera bonheur dans la recherche de la vérité. Je suis, dans l'espoir d'obtenir ce prix ardemment desiré de mes travaux opiniâtres,

Votre sincère admirateur, reconnoissant
et dévoué disciple,

Le colonel Bory de St-Vincent,

Correspondant de l'Institut, de l'Académie des sciences, etc. etc. etc.

Paris, ce 20 décembre 1825.

ESSAI

SUR

LES MICROSCOPIQUES.

Nous proposons ce nom pour désigner la première ou dernière classe du règne animal, selon qu'on adopte, pour l'étudier, les méthodes qui suivent la progression du simple au composé, c'est-à-dire ascendantes, ou celles qui descendent de l'homme aux créatures les plus simples. Les êtres dont elle est formée devroient se restreindre à ceux que M. de Blainville désigna sous le nom d'*Amorphes* ou *Agastraires*, qui sont naturellement répartis dans l'ordre que nous établirons sous le nom de *Gymnodés*. Mais ces dénominations d'Amorphes ou d'Agastraires ne sauroient être admises, car si l'on en excepte les Amibes et quelques autres Microscopiques, il en est parmi les moins compliqués, dont la forme est peut-être plus déterminée et mieux arrêtée que celle des créatures des premiers ordres; et quant à la privation d'un estomac ou d'un tube alimentaire, il seroit téméraire de prononcer à cet égard; les verres grossissans, qui nous font connoître les infiniment petits, n'en multipliant sans doute point assez le volume pour permettre à notre foiblesse d'y apercevoir des organes qui peuvent fort bien exister dans leur transparence. En effet, on ne peut pas nier l'existence d'organes qui nous échappent dans les Microscopiques, avec plus de fondement qu'on n'auroit pu nier l'existence de ces êtres mêmes, avant l'invention du précieux instrument qui nous les révéla.

Il en est de même pour la dénomination d'*Infusoires*, long-temps adoptée; elle est plus impropre encore que toute autre, puisqu'elle indiqueroit comme habitation exclusive des êtres qui nous vont occuper, les infusions seules, c'est-à-dire, l'eau dans laquelle on laisse se corrompre des matières végétales ou animales. C'est cependant Muller, observateur exact et judicieux, qui introduisit cette dénomination; et ce savant, donnant à une classe établie par lui-même, un nom qui sembloit devoir la caractériser par l'origine des êtres dont elle étoit censée composée, y décrivoit beaucoup plus d'animaux des eaux pures, étrangers aux infusions dans lesquelles on les voit au contraire mourir, que d'animaux développés dans ces infusions mêmes.

Le nom d'*Animalcule* n'étoit pas plus convenable; il signifie proprement un diminutif d'animal, et les êtres qu'il est question de définir ne sont point des diminutifs, mais des créatures aussi parfaites qu'aucune autre, jouant un grand rôle dans la nature, formées par elle du premier jet, sans passer par aucune métamorphose. Nous avons donc préféré, comme la moins insuffisante, la désignation de *Microscopiques* pour les infiniment petits de la création, parce que, s'il s'en trouve un certain nombre qu'un œil excellent puisse distinguer sans le secours d'aucun verre, ils ne paroissent que sous la forme incertaine d'un point où rien, pas même le mouvement, ne sauroit être appréciable. Le microscope seul peut nous aider à déterminer leurs contours, ainsi qu'à discerner les apparences de leur organisation rudimentaire, en nous enseignant ce qu'on peut savoir sur leurs habitudes.

Nous conviendrons avant tout, avec M. de Blainville, qu'il est parmi les Microscopiques des êtres déjà fort compliqués, qui présentent certains rapports avec des animaux de classes plus élevées; mais comme il seroit prématuré de les rapporter définitivement à ces classes d'après des ressemblances extérieures, nous les laisserons provisoirement parmi nos Microscopiques, en nous bornant à indiquer soigneusement leurs affinités: la précipitation qu'on met trop souvent aujourd'hui à établir des rapprochemens ou des différences que l'observation ne confirme pas toujours, nous paroissant être un des plus grands obstacles qui se puisse opposer au progrès des sciences naturelles.

Nous définirons les Microscopiques : des animaux invisibles à l'œil nu, ou du moins, dont un grossissement considérable peut seul révéler les formes; plus ou moins translucides, mais jamais complétement opaques; dépourvus de membres (les appendices, ou queue, qu'on aperçoit chez plusieurs, ne pouvant être réputés tels); où l'on n'a pu encore découvrir d'yeux véritables, même rudimentaires; contractiles en tout ou en partie; éminemment doués du sens du tact; se nourrissant par absorption; dont la génération paroît s'opérer par sections ou par l'émission de gemmules quand elle n'est pas spontanée; vivant sans exception dans les eaux.

Parmi les Microscopiques se trouveront, non-seulement des êtres qui n'offrent par leur forme aucun rapport avec le reste des animaux, et ne paroissent que des amas de molécules agitées, non encore asservies en apparence à un plan d'organisation déterminé, mais on trouve chez eux les êtres par lesquels la nature semble s'être essayée à produire la vie, en la modifiant ensuite selon toutes les formes qui, une fois imprimées à la matière, sont demeurées propres à transmettre ce précieux résultat des plus inconcevables facultés. On trouve encore chez les Microscopiques, non-seulement des ébauches où se reconnoissent les sources de diverses classes animales plus élevées, mais encore celles de la végétation rudimentaire et primitive.

Il sera donc essentiel d'indiquer les embranchemens par lesquels on peut remonter des Microscopiques aux Acalèphes libres de M. Cuvier, à ses Vers intestinaux qui sont les Entozoaires, aux Crustacés, aux Radiaires, et vers ces êtres ambigus, qui tenant également de la plante et de l'animal, ont mérité que nous leur appliquassions le nom de *Psychodiaires*. (*Voy*. ce mot.) Quand les hommes auront trouvé des moyens plus efficaces d'observation que ceux dont ils se servent aujourd'hui, il est probable que les genres de Microscopiques qui s'embranchent ainsi, devront être déplacés et portés dans les classes dont ils semblent être l'origine ou l'ébauche en miniature; mais nous avouons notre insuffisance pour prononcer sur un point aussi important de classification; nous préférons laisser à des successeurs plus avancés le soin de lever nos doutes, exposés de bonne foi, que de nous hâter d'établir quelque système dont l'expérience ne confirmeroit point les principes.

C'est à la Hollande que le monde savant doit la découverte de ce microscope qui servit de moyen à la classification provisoire dont nous allons nous occuper. Hartzoeker et Leuwenhoeck se disputèrent l'invention de ce merveilleux instrument. Nous ne déciderons pas quel fut entr'eux le Colomb ou l'Améric Vespuce. Ces hommes habiles n'en ouvrirent pas moins la route d'un nouveau Monde, où les merveilles sont innombrables, et rendues plus grandes encore par leur petitesse même.

Le microscope ne fut pas d'abord apprécié autant qu'il méritoit de l'être, et les premiers observateurs qui s'en servirent n'y paroissent avoir cherché qu'un moyen de divertissement. Les instrumens employés d'abord, étant d'ailleurs très-imparfaits; on n'en obtint souvent que de mauvais résultats, et l'on étoit loin de se douter, quand on discouroit sur les prétendues plumes de papillons, sur les anguilles de vinaigre, sur des pattes de mouche ou sur des brins de soie effilée, que les micrographes étoient parvenus vers les limites du néant et de l'être, et s'il est permis d'employer cette expression, jusqu'aux confins de l'infini. Cependant un grand nombre de curieux se procurèrent des microscopes et les perfectionnèrent. Les mystères qu'ils avoient révélés à Leuwenhoeck paroissoient incroyables; une classe de savans qu'épouvante toute nouveauté, ou de ces esprits superficiels qui font profession de mépriser ce qu'ils n'ont pas étudié, préférèrent nier des vérités nouvelles, au parti plus raisonnable de la vérification; cependant, les découvertes microscopiques furent attestées et accrues par Hill, Baker, Joblot, Ledermuller, Goëze, Wrisberg, Eichornn, Gleichen, Roësel, Pallas, Spallanzani, Nédham, et surtout par O. F. Muller. Jusqu'à ce dernier on observoit néanmoins sans méthode, et les nouveaux faits acquis à l'aide des lentilles grossissantes, souvent contradictoirement exposés, tournés en ridicule par des hommes entièrement étrangers aux sciences physiques, mais justement célèbres à d'autres égards, tombèrent dans le discrédit. Spallanzani, qu'on cite à tout propos dès qu'il est question de microscope, fut peut-être, entre ceux qui employèrent cet instrument, l'un des observateurs qui s'en servirent le moins bien, et dans les ouvrages duquel nous avons trouvé le plus d'erreurs ou de données vagues; mais il n'en fut pas moins aussi celui qui le premier obtint quelque confiance, et qui ramena le public sur les idées qu'on s'étoit faites des travaux de ce Leuwenhoeck, toujours sur le chemin de la vérité. Roësel et Gleichen sont encore des micrographes sur les découvertes desquels on doit faire fonds, relativement aux formes positives des êtres; enfin Néedham, que Voltaire choisit pour objet de mille plaisanteries, fut de même un observateur excellent et de bonne foi, bien supérieur à Spallanzani dont on ne se moquoit pas. Mais Muller apparut, comme étoit apparu Linné dans le reste des sciences naturelles, pour débrouiller la confusion d'une branche des connoissances humaines bien plus importante à cultiver qu'on ne l'avoit supposé d'abord. Cet habile zoologiste interrogea les eaux, soit pures, soit croupies, soit altérées par des infusions; consultant tout ce qu'on avoit écrit depuis un siècle environ sur ce qu'il nommoit *Infusoires*, il ajouta au règne animal une classe que se hâtèrent d'adopter tous les naturalistes. Linné n'avoit guère admis qu'accessoirement ces Infusoires dans son *Systema naturæ*; il avoit, dans les premières éditions de cet immortel ouvrage, relégué à la fin de sa classe des Vers, dans un genre dont le nom de *Chaos* indiquoit seul le vague, ce que ses prédécesseurs avoient appelé animalcules du dernier ordre, poissons des infusions, anguilles de pâte, etc. etc. Cependant, habitué à compter sur l'exactitude de Roësel, dans ses dernières éditions il adopta, avec Pallas le genre *Volvox*, où n'entroient alors que deux espèces, qui depuis n'appartiennent plus aux Volvoces; mais dès que Muller eut publié son *Histoire des Vers* et son *Prodrome de la Zoologie danoise*, Gmelin s'empara de la totalité des travaux de ce savant, et dans la treizième édition du *Systema*, où l'ordre des Lithophytes fut réuni à celui des Zoophytes sons ce dernier nom, un cinquième ordre, appelé des *Infusoires*, compléta et termina la classe des Vers.

Jusque-là on ne possédoit que peu de figures, la plupart grossières, de tant d'êtres ajoutés au catalogue des êtres vivans, et qui ne peuvent être réputés connus qu'autant qu'on en a parfaitement constaté l'existence par de parfaites représentations. Le magnifique Traité du naturaliste danois parut en 1786, mais après sa mort, et l'histoire des Microscopiques ne fut plus une partie hypothétique de la science. Cinquante planches, offrant d'excellentes images de trois cent soixante-dix espèces gravées sous divers points de vue, accompagnoient ce beau travail, dont notre collaborateur Bruguière enrichit l'Encyclopédie méthodique, non-seulement en l'y transportant tout entier, mais en le complétant avec les figures que Muller avoit omises dans son Traité de *Animalcula infusoria, fluviatilia et marina*, parce qu'elles se trouvoient déjà dans la Zoologie danoise, ainsi qu'avec les planches non moins exactes empruntées de Roësel.

La 46e. livraison du grand ouvrage à la collaboration duquel nous a appelé Mme. Agasse, contient donc ce qui existe de plus satisfaisant sur les

Microscopiques. On y trouve dans quatre-vingt-trois pages de texte en deux colonnes, un *species* explicatif de vingt-huit planches, contenant près de onze cents figures, où sont représentées trois cent quatre-vingt-cinq espèces, vues sous toutes les faces.

Muller, dans son *Histoire des Infusoires*, instituant une classe nouvelle pour des animaux qui, avant lui, n'avoient jamais été régulièrement étudiés, la divisa de la sorte en dix-sept genres.

Ordre Ier. Sans nul organe extérieur.

* *Epaissis.*

1. *Monas;* corps punctiforme. (10 espèces.)
2. *Proteus;* corps variable. (2 espèces.)
3. *Volvox;* corps sphérique. (12 espèces.)
4. *Enchelis;* corps cylindracé. (27 espèces.)
5. *Vibrio;* corps alongé. (31 espèces.)

* * *Membraneux.*

6. *Cyclidium;* corps ovale. (10 espèces.)
7. *Paramœcium;* corps oblong. (5 espèces.)
8. *Kolpoda;* corps sinueux. (16 espèces.)
9. *Gonium;* corps anguleux. (5 espèces.)
10. *Bursaria;* corps excavé. (5 espèces.)

Ordre II. Ayant des organes externes.

* *Nus.*

11. *Cercaria;* glabres, ayant une queue. (22 espèces.)
12. *Trichoda;* velus ou ciliés. (89 espèces.)

13. *Kerona;* ayant des appendices corniculés. (14 espèces.)

14. *Himatopus;* ayant des appendices cirreux. (7 espèces.)

15. *Leucophra;* velus à toute la surface. (26 espèces.)

16. *Vorticella;* ciliés à l'orifice. (75 espèces.)

** *Munis de test.*

17. *Brachionus;* ciliés à l'orifice. (22 espèces.)

Gmelin, qui publia la VIe. partie du tome I de son édition du *Systema naturæ* avant l'apparition du travail posthume de Muller, et qui n'avoit eu pour guide, dans sa compilation, que les premiers essais de ce grand naturaliste, ne mentionne, dans un ordre contraire, c'est-à-dire descendant, que les genres *Brachionus, Vorticella, Trichoda, Cercaria, Leucophra, Gonium, Colpoda* (*Kolpoda*), *Paramæcium, Cyclidium, Bursaria, Vibrio, Enchelis, Bacillaria* (compris ensuite dans le genre *Vibrio* de Muller), *Volvox* et *Monas.*

De tels genres sont en général artificiels et insuffisans. Muller et son imitateur, en faisant connoître une si considérable série nouvelle d'êtres animés, craignirent sans doute d'effrayer les naturalistes, en multipliant trop les divisions destinées à les renfermer. De là ce grand nombre de Microscopiques compris par eux dans des groupes dont ils n'ont en rien le caractère, et où leur présence forme disparate.

Dès l'an 1815, le savant de Lamarck sentit la nécessité de réformer la méthode de celui qui ayant ouvert la route, n'avoit pu y marcher d'un pas sûr. Ce grand naturaliste jugea, d'après les excellentes figures prodiguées par son devancier, que beaucoup d'entr'elles représentoient des êtres déjà fort avancés dans l'organisation, et qui ne devoient point demeurer confondus avec de simples ébauches, où l'on ne sauroit distinguer le moindre organe. En adoptant la classe des *Infusoires* comme la première de sa méthode, il caractérisa de la sorte les êtres qu'il supposa y devoir demeurer : animaux microscopiques, gélatineux, transparens, polymorphes, contractiles; n'ayant point de bouche distincte, aucun organe intérieur, constant, déterminable; où la génération est fissipare ou subgemmipare. « Ainsi, poursuit le Linné de la France : ces animaux n'ayant point de bouche, point de sac alimentaire, ne se nourrissent que par l'absorption qu'exercent leurs pores extérieurs ou par imbibition interne; ainsi leur organisation, qui est la plus simple de toutes celles qu'offre le règne animal, présente par son caractère un degré particulier qui les distingue éminemment de tous les autres animaux. Je me suis assuré qu'il en existe de semblables, car j'en ai observé moi-même plusieurs; et quand même il n'en existeroit qu'un petit nombre, j'en eusse fait une classe à part, d'après la considération du caractère éminent qui la distingue. » (*Anim. sans vert. tom.* I. *p.* 393.)

Nous avons cité ce passage d'un célèbre et scrupuleux naturaliste, pour répondre à ceux qui ne jugeant pas à propos de faire la dépense d'un microscope, et qui n'ayant jamais employé cet instrument pour interroger la nature sur ses plus singuliers mystères, ont établi des systèmes ou écrit sur les Infusoires, sans en avoir vu autre chose que des figures gravées, ou ce qu'en écrivirent les micrographes. Nous l'avons surtout cité pour ceux qui affectent de révoquer en doute les découvertes de ces micrographes laborieux, tenant d'ailleurs un être pour méprisable s'il n'est aussi grand qu'une autruche ou qu'un éléphant fossile, et qui assurent qu'un animalcule ne sauroit jouer un rôle aussi important dans la nature qu'un mollusque ou qu'un poisson. Ce précieux passage répond à l'un des grands naturalistes dont les opinions sur toute autre matière nous paroissent du plus grand poids quand il demande en parlant des Infusoires : « Mais sont-ce réellement des animaux, c'est-à-dire, une certaine combinaison d'organes affectant une forme déterminée, et agissant d'une manière également déterminée sur les corps extérieurs ? » Si, au lieu de se prononcer pour la négative, le savant qui élève un tel doute se fût procuré un microscope, afin de vérifier les faits, ainsi que n'avoit pas dédaigné de le faire l'illustre professeur du Muséum, il eût émis des idées plus justes, et ne se fût pas mis en contradiction avec l'exact Muller, et vingt auteurs qui ont tous vu les mêmes choses à peu près de la même manière.

L'animalité des Microscopiques est une chose

beaucoup plus réelle que tant de rapprochemens désavoués par la nature, employés pour établir certains systèmes, dont les traces auront disparu, que le microscope sera toujours là pour attester l'existence d'êtres si gratuitement rayés du catalogue des créatures vivantes par une simple supposition. Nier aujourd'hui l'existence des Infusoires ou leur animalité, n'est plus que déguiser l'aveu d'une ignorance qui se complaît dans son orgueil ; la mettre en problème, c'est afficher une sorte de mépris pour les assertions de quiconque dit en avoir vu. D'autres naturalistes hautains, prétendant forcer le vulgaire à juger de l'importance de leurs travaux par le volume des choses dont ils s'occupent, prétendent aussi nier l'utilité des recherches microscopiques, en insinuant qu'une grande partie des résultats qu'on obtient du microscope sont hypothétiques. Nous espérons démontrer un jour, dans un ouvrage préparé déjà par plus de vingt ans de recherches, combien, au contraire, ces résultats sont certains et surtout importans. Notre ouvrage, dont cet essai n'est qu'une sorte de prodrome, prouvera que dans toutes les choses qu'on veut bien connoître, c'est par leur commencement qu'on les doit étudier, et que si les détracteurs de la micrographie se fussent adonnés à cette partie de la science, ils auroient acquis des idées plus conformes à la vérité qu'ils n'en ont sur l'animalité, la vie, et l'esprit de méthode dans lequel on doit procéder en histoire naturelle, pour ne pas métamorphoser cette branche de nos connoissances en un pur amas de mots. Ce dédain pour le microscope, d'hommes fort savans d'ailleurs, et pour les naturalistes qui l'emploient, a quelque chose de cette aversion que manifeste le vulgaire pour tout ce qui ne lui est pas familier ou qu'il ne comprend pas d'abord. M. de Lamarck, que sa haute philosophie et la profondeur de son savoir ont mis en tout hors de la ligne de ce vulgaire, qui comprend plus d'un savant, a senti que les Infusoires n'étoient pas si méprisables, et que selon la méthode qu'on adoptoit en histoire naturelle, ils ouvroient ou terminoient les cohortes animées. Cet illustre naturaliste ne s'est pas borné à les étudier sur les planches de l'Encyclopédie, il les a voulu voir vivans : aussi s'en est-il fait une idée très-juste, et, le premier, il a senti la nécessité de réformer la classification de Muller. Il établit, dans son *Histoire des animaux sans vertèbres,* une première classe toujours appelée des *Infusoires,* dont il repousse les espèces ou les genres chez lesquels on peut reconnoître quelqu'organe vibratile. Plusieurs Trichodes, les Vorticelles et les Brachions, deviennent pour lui l'ordre premier de sa seconde classe, sous le nom de *Polypes ciliés* (*tom.* 2. *p.* 18). Réunisssant les genres Kérone et Himantope en un seul, divisant les Cercaires en deux, sa première classe répond à peu près aux quinze premiers genres de son prédécesseur; elle est divisée en deux ordres : celui des Infusoires nus et celui des Infusoires appendiculés.

En reconnoissant l'excellence de telles bases, nous devons cependant faire remarquer combien les animaux appelés *Polypes ciliés*, qui forment bien réellement un ordre, au moins, dans la nature, sont déplacés parmi les Polypes, dont l'étymologie du nom est dans le grand nombre de pieds ou appendices qui furent primitivement comparés à des pieds. On verra par la suite que si la plupart doivent être définitivement extraits de la classe des Microscopiques, ce sera pour commencer celles des Entozoaires, des Radiaires et des Crustacés.

M. Cuvier (*Règn. anim. tom. IV, p.* 89) ne forme des Infusoires qu'une division de son quatrième embranchement des animaux, qu'il appelle *Zoophytes* ou *Animaux rayonnés*. Sans examiner si le nom de Zoophytes (animaux-plantes) convient à la généralité des êtres que le savant professeur considère comme formant son quatrième embranchement; nous pouvons assurer que le nom de *rayonnés* ne peut, sous aucun prétexte, convenir à nul de ces véritables Infusoires de la première classe de M. de Lamarck, où ne se reconnoissent ni cirres, ni tentacules, ni membre, ni quoi que ce soit dont on puisse inférer le moindre rapport avec un organe rayonné quelconque. M. Cuvier paroît d'ailleurs avoir rejeté la cinquième et dernière classe de son quatrième embranchement à la fin de son excellent ouvrage, sans attacher beaucoup d'importance aux êtres qu'il y comprend; et, comme fatigué par l'immensité de son travail, il s'est borné, en diminuant arbitrairement le nombre de genres qu'il n'avoit probablement pas examinés dans la nature même, à conserver la section des Rotifères de M. de Lamarck, en l'élevant à la dignité d'ordre, appelant *Infusoires homogènes* tous ceux où l'on ne reconnoît pas d'organes distincts. Il extrait en outre les Vorticelles de sa dernière classe, pour les rapporter dans le voisinage des polypes à bras, rendus célèbres par les travaux de Trembley, mais qui n'y ont guère de rapports.

Si l'on en excepte M. de Lamarck, tous les naturalistes qui, depuis Gmelin, ont donné des systèmes et des méthodes où le règne animal est compris tout entier, paroissent n'avoir pas observé eux-mêmes d'Infusoires vivans; ils en ont jugé d'après Muller, et, soit qu'ils aient dans leur travail établi des genres, ou soit qu'ils en aient supprimé, c'est en général d'après des figures gravées que sont fondées leurs augmentations ou leurs réductions.

Nous étant, dès notre première jeunesse, habitué à l'usage du microscope; n'ayant cessé depuis d'employer en tous lieux cet instrument pour la recherche des êtres singuliers qu'il décèle; certain par les dessins sans nombre que nous en avons faits, et d'après les notes que nous avons tenues, de la constance des formes qui s'y manifestent; peu des animaux décrits par Muller, ou par la plupart des micrographes antérieurs, nous ont échappé; nous en avons découvert un nombre bien plus considérable qu'on n'en avoit encore trouvé; et en acquérant, par une expérience de vingt-cinq ans, la certitude des résultats que nous avons obtenus, nous croyons pouvoir fonder sur les Microscopiques une classification moins imparfaite que celles qu'on avoit tentées jusqu'ici. Nous sommes loin de donner cependant cette classification comme définitive, ni même comme bonne; mais nous avons fait tous nos efforts pour la rendre aussi naturelle que possible, dans l'état actuel de nos connoissances; et si elle suffit pour aider à reconnoître facilement les objets que nous prétendons y comprendre, nous aurons atteint le but où tendirent tous nos efforts.

CLASSIFICATION RECTILIGNE DES MICROSCOPIQUES.

ORDRE PREMIER.

GYMNODÉS. Très-simples, de forme parfaitement déterminée et invariable, où l'on ne reconnoît aucun organe, ni cirres vibratiles, ni même la moindre apparence de poils ou de cils quelconques.

§. Ier. *Dépourvus d'appendices caudiformes.*

I°. *FAMILLE DES MONADAIRES.*

Corps diaphane, ne présentant pas même au grossissement le plus considérable qu'on puisse obtenir, l'apparence d'une molécule organique intégrante, et de forme arrêtée, non contractile. (Les Monadaires sont les plus simples de tous les êtres qui nous soient connus, et que l'on puisse même concevoir. Leur petitesse est d'ailleurs extrême. Les infusions seules les produisent en abondance. On diroit cette matière vivante, dont chaque particule s'individualise par l'agent madéfacteur qui a détruit les liens secrets de l'être organisé, dans la composition duquel entroient les Monadaires. Nous n'avons jamais pu y saisir de mode de reproduction, même *tomipare*. Ce sont de véritables générations spontanées, dans le sens raisonnable du mot.)

Genre 1. LAMELLINE, *Lamellina;* N. Corps simple, oblong ou carré, présentant toujours quatre angles plus ou moins aigus dans sa circonscription. — *EXEMPLES. Lamellina monadœa;* N. *Encycl. Dic. Monas;* MULL. *tab.* 1. *fig.* 16. 17. *Encycl. pl.* 1. *fig.* 8. — *Lamellina linearis;* N. *Encycl. Dic.* JOBLOT, *pl.* 2. *fig.* M. — *Lamellina œquiangulata;* N. *Encycl. Dic.* JOBLOT, *pl.* 3. *fig.* K. L. — (Ce genre, dont les espèces sont presqu'inertes, mais où des mouvemens sont néanmoins assez distincts pour que tous les observateurs qui en ont vu, n'aient point hésité à les regarder comme des animaux, forme un passage à la famille des Bacillariées, que nous avons établie dans notre *Dictionnaire classique d'histoire naturelle*, tom. II, p. 127, comme appartenant à la classe des Infusoires, mais que nous avons reconnue depuis comme faisant partie d'un règne différent. D'un autre côté il est, aux dimensions près, identique à ce genre singulier d'Acalèphes libres, récemment institué par Quoy et Gaymard (*An. des sc. nat.* tom. VI. p. 85. pl. 2. fig. 1.), sous le nom de *Lemnisque*.)

Genre 2. MONADE, *Monas;* MULL. Corps simple, parfaitement rond ou légèrement ovoïde, cristallin. — *Exemples. Monas Termo;* Mull. *tab.* I. *fig.* I. *Encycl. pl.* I. *fig.* I. — *Monas Punctum;* N. *Encycl. Dic. Volvox;* Mull. *tab. III. fig.* 2. *Encycl. pl.* I. *fig.* I. — *Monas Bulla;* N. *Encycl. Dic. Cyclidium;* Mull. *tab. XI. fig.* I. *Encycl. pl.* 5. *fig.* I. — (Beaucoup de figures, données par les divers micrographes, sont accompagnées de points qui représentent de ces animaux, si petits, qu'il en est des espèces qu'un grossissement de mille fois, qui seul les rend perceptibles, ne les représente pas plus considérables que la piqûre que feroit l'aiguille la plus fine dans une feuille de papier mince. Leur mobilité est extrême, leur nombre prodigieux; en s'insinuant dans la matière muqueuse qui se développe dans les infusions, ils en forment de véritables membranes devenant de plus en plus opaques, où cesse bientôt tout mouvement. En mourant sur le porte-objet du microscope, par desséchement, les Monades semblent affecter de se presser en dispositions sériales, sur les bords de la goutte d'eau où elles nageoient, ainsi que le font ordinairement les globules du sang; il en résulte comme de petits chapelets, qui finissent par se confondre en lignes minces presqu'invisibles, mais continues en apparence. On peut les considérer comme la matière vivante dans son plus grand état de simplicité.)

Genre 3. Ophthalmoplanide, *Ophthalmoplanis;* N. Corps simple, parfaitement rond ou légèrement ovoïde, avec un point au centre ou vers l'une des extrémités. — *Exemple. Ophthalmoplanis monadina* ; N. *Encycl. Dic. Monas Ocellus ;* Mull. *tab.* 1. *fig.* 7. 8. *Encycl. pl.* 1. *fig.* 4. — (Le point caractéristique de ce genre manifeste déjà une légère complication.)

Genre 4. Cyclide, *Cyclidium ;* Mull. Corps simple, ovoïde, antérieurement atténué en pointe, comprimé et submembraneux. — *Exemples. Cyclidium hyalinum ;* Mull. *tab. XI. fig.* 14. *Encycl. pl. V. fig.* 4. — *Cyclidium mutabilis ;* N. *Encycl. Dic.* Représentée dans beaucoup des planches de Gleichen, particulièrement pl. XX, II et III *d*, et pl. XXII. — (Les Cyclides, encore dépourvus d'organes, d'appendices et de molécule intégrante, commencent cependant à manifester, dans leur natation et dans les légères variations de mouvemens qu'ils donnent à leur partie antérieure, une vie plus décidée; ils sont d'ailleurs les plus gros des Monadaires.) .

II°. *Famille des Pandorinées.*

Corps simple, sphérique des Monades, mais réuni en une association d'individus qui exercent, dans leur réunion, une vie commune, sous une forme déterminée et fixe, qui éloigne toute idée de contractilité. (Les Pandorinées présentent ce fait extraordinaire, qu'individualisées par molécules, chacune de ces molécules est un animal doué d'un mouvement propre et qui s'accroissant, devient un assemblage d'animaux en glomérule vivant aussi, et dans lequel la volonté de chacune des parties constitutives semble agir en raison de sa force propre, pour causer des perturbations bizarres dans les mouvemens généraux de la masse. On ne peut pas dire que les Pandorinées soient des Infusoires, encore que nous en ayons souvent rencontré dans certaines infusions, puisque nous avons retrouvé les mêmes espèces dans toutes les eaux stagnantes et dans les mares, où, comme on va le voir quand il sera question du genre 5, la plupart ne sont probablement que des propagules animés de nos Arthrodiées. (*Voyez* ce mot dans l'Encyclopédie méthodique et dans notre *Dictionnaire classique*, tom. I, pag. 591.)

Genre 5. Uvelle, *Uvella*; N. Où nulle membrane commune ne réunit les molécules simples, vivantes et groupées en petites masses globuleuses. — *Exemples. Uvella Chamæmora*; N. *Encycl. Dic. Monas Uva*; Mull. *tab.* 1. *fig.* 12. 13. *Encycl. pl.* 1. *fig.* 10. Spallanz. *Opusc.* 1. *pl.* 2. *fig.* 15. B. C. D. — *Uvella virescens*; N. *Encycl. Dic. Volvox Uva*; Mull. *tab. III. fig.* 17. 21. *Encycl. pl.* 2. *fig.* 11. 15. — (Nous avons des raisons de croire que ces animaux ne sont que des Zoocarpes, c'est-à-dire, les gemmules vivantes d'êtres dont la condition fut purement végétale jusqu'à l'émission de ces gemmules. Le *Volvox vegetans* de Muller, *pl.* 3, *fig.* 22. 25, dont nous avons formé le type du genre Anthophyse de l'Encyclopédie méthodique et de notre *Dictionnaire classique d'histoire naturelle*, lequel est bien évidemment une petite plante confervoide, jusqu'à l'instant où l'extrémité de ses rameaux vient à produire des glomérules de petits corps transparens, nous présente dans ces glomérules une espèce d'Uvelle véritable, qui, se détachant de la tige qui la produisit, s'en va nageant absolument à la manière de notre *Chamæmorus*, avec qui on pourroit la confondre, si les individus agglomérés n'y étoient plus petits. Les animaux de ce genre offrent encore, à la taille près, une grande analogie avec ceux du genre Polytome, établi par Quoy et Gaymard (*Ann. des sciences nat.* tom. VI. p. 87. pl. 2. fig. 13. 14.), mais qui n'est pas microscopique.)

Genre 6. PECTORALINE, *Pectoralina*; N. Où les molécules vivantes, simples, se groupant à plat et non en masses globuleuses, exercent leurs mouvemens communs sur le sens vertical de la petite lame qui résulte de leur agglomération. — EXEMPLE. *Pectoralina hebraica*; N. *Encycl. Dic. Gonium pectorale*; MULL. *tab. XVI. fig.* 9. 11. *Encycl. pl.* 7. *fig.* 1. 3.

Genre 7. PANDORINE, *Pandorina*; N. Où les molécules vivantes, soit indépendamment les unes des autres, soit réunies en groupes, sont contenues dans une enveloppe commune, transparente, qui en fait un tout exerçant une vie commune, tant qu'un déchirement n'y donne pas la liberté à chaque molécule captive. — EXEMPLES. *Pandorina Leuwenhoekii*; N. *Encycl. Dic. Volvox globator*; MULL. *tab. III. fig.* 12. 13. *Encycl. pl.* 1. *fig.* 9. — *Pandorina Mora*; N. *Encycl. Dic. Volvox Morum*; MULL. *tab. III. pl.* 14. 16. *Encycl. pl.* 1. *fig.* 10. — (Ces animaux ont excité l'admiration de tous les observateurs qui les rencontrèrent et qui les ont surpris se brisant pour donner le jour, par une succession sans terme, à de nombreuses générations qu'on distingue dans leur transparence, laquelle néanmoins commence à se colorer en vert de diverses nuances, selon chaque espèce et l'âge des individus associés.)

III°. *FAMILLE DES VOLVOCIENS.*

Corps ovoïde ou cylindracé, déjà constitué par des molécules visibles, astreint à une forme constante, qu'il n'est pas donné à l'animal de défigurer à son gré, de manière à rendre cette forme comme indéterminable. (Ici chaque molécule constitutrice paroît cesser de jouer un rôle individuel, et demeure asservie au mode de vie commune qu'elle conservera désormais, c'est-à-dire, à mesure que l'on s'élevera dans l'ordre des complications; mais il est possible que la plupart des Volvociens, sinon tous, soient encore des Zoocarpes. Il est constant que plusieurs Enchélides, par exemple, bien connues des micrographes nos prédécesseurs, que long-temps nous avions observées comme eux, sans imaginer qu'il pût y avoir rien de végétal dans aucune phase de leur existence, sont cependant sorties sous nos yeux, comme des corpuscules reproducteurs inertes, des locules de ce que nous avions long-temps observé à l'état végétant sous le nom de *Conferves;* ces propagules vivans ont ensuite commencé à s'agiter, ils ont plus tard manifesté peu à peu une vie réelle de plus en plus active, et enfin, après avoir ainsi vécu en liberté plus ou moins long-temps, ils se sont fixés sur des corps étrangers inondés, pour y redevenir des plantes par un développement purement végétal. (*Voyez* le mot Enchélide dans l'Encyclopédie et dans notre *Dict. clas. d'hist. nat.*) C'est probablement à cette famille que doit appartenir le *Volvox Lunula* de Muller (*tab. III. fig.* 11. *Encycl. pl.* 1. *fig.* 6); mais comme nous n'avons jamais vu cet animal singulier, dont nous ne concevons pas même l'organisation, nous attendrons que de nouvelles recherches nous l'aient fait rencontrer, pour déterminer la place définitive qui lui doit être assignée.)

Genre 8. Gygès, *Gyges;* N. Où la molécule interne est contenue dans une double enveloppe, que manifeste l'anneau transparent qui règne autour d'un corps de forme ovoïde. — *Exemple. Gyges viridis;* N. *Encycl. Dic. Volvox Granulum;* Mull. *tab. III. fig.* 3. *Encycl. pl.* 1. *fig.* 2.

Genre 9. Volvoce, *Volvox ;* Mull. Molécule constitutive remplissant un corps obrond ou sphérique sans anneau circulaire, dans lequel cette molécule semble s'agiter indépendamment des mouvemens de l'animal. — *Exemples. Volvox Globulus ;* Mull. *tab. III. fig.* 4. *Encycl. pl.* 1. *fig.* 3. — *Volvox sintillans ;* N. *Encycl. Dic. Leucophra ;* Mull. *tab.* 22. *fig.* 1. *Encycl. pl.* 10. *fig.* 22. — *Volvox bursarioides ;* N. *Encycl. Dic. Bursaria globina ;* Mull. *tab.* 17. *fig.* 15. 17. *Encycl. pl.* 8. *fig.* 14. 16. — *Volvox Glaucoma ;* N. *Encycl. Dic. Cyclidium ;* Mull.

tab. XI. fig. 6. 8. *Encycl. pl.* 5. *fig.* 6. 8. — (Les Volvoces sont des Gygès, moins la double enveloppe qui forme l'apparence d'un anneau autour du corps de ces animaux. Leur figure est encore celle des Monades, mais déjà bien plus considérables et volumineuses; ils ne sont plus cristallins, mais offrent une molécule constitutrice. La plupart vivent dans les infusions. Joblot, *pl.* 5, *fig.* 2, F, en représente une espèce qui s'étoit déjà manifestée au bout de deux heures dans une infusion de fleurs de *Centaurea Cyanus*, L.)

Genre 10. Enchélide, *Enchelis;* Mull. Corps cylindracé, plus ou moins pyriforme, toujours sensiblement atténué à son extrémité antérieure. (Les Enchélides, vues de profil, seroient des Cyclides, mais celles-ci, toujours plus petites et cristallines, sont comprimées et presque membraneuses, tandis que les Cyclides cylindracées, sont composées d'une molécule intégrante visible, et remplies de bulles ou corps hyalins, tels qu'on en retrouve dans les tubes des Conferves, particulièrement dans celles que nous avons détachées du genre Linnéen, pour en former plusieurs genres d'Arthrodiées.)

* Espèces les plus ovoïdes, très-obtuses aux deux extrémités, et d'une teinte grisâtre obscure dans toute leur étendue. — *Exemple. Enchelis nebulosa;* N. *Encycl. Dic.* Mull. *tab. IV. fig.* 8. *Encycl. pl.* 2. *fig.* 7. Gleichen, *tab.* 16. A. II. 17. D. II. *c*, etc.

** Espèces vertes qui sont évidemment des

Zoocarpes, dont l'une particulièrement, est le propagule de l'une des espèces de notre genre *Tiresias*, de l'ordre des Arthrodiées. — Exemples. *Enchelis punctifera*; N. *Encycl. Dic.* Mull. *tab. IV. fig.* 2. 3. *Encycl. pl.* 2. *fig.* 2. — *Enchelis Deses*; N. *Encycl. Dic.* Mull. *tab. IV. fig.* 4. 5. *Encycl. pl.* 2. *fig.* 4.

*** Espèces parfaitement pyriformes, grisâtres, avec une extrémité transparente. — Exemples. *Enchelis Pupa*; N. *Encycl. Dic.* Mull. *tab. V. fig.* 25. 26. *Encycl. pl.* 2. *fig.* 31. — *Enchelis Ovulum*; N. *Encycl. Dic.* Mull. *tab. IV. fig.* 9. 11. *Encycl. pl.* 2. *fig.* 3. Larme; Jobl. *pl.* 10. *fig.* 15. — *Enchelis Gallinula*; N. *Encycl. Dic. Kolpoda*; Mull. *tab. XIII. fig.* 6. *Encycl. pl.* 6. *fig.* 4.

IVᵒ. FAMILLE DES KOLPODINÉES.

Corps plus ou moins membraneux, jamais cylindracé, où des globules hyalins plus visibles, se prononcent dans la masse de la molécule constitutrice, et qui, évidemment contractile, varie de forme selon la volonté de l'animal. (Les Kolpodinées où la volonté se manifeste au point de modifier la forme du corps, sont des lames vivantes, selon l'expression de M. de Lamarck, déjà contractiles, extensibles, agiles, bien plus grandes que la plupart des animaux qui sont compris dans les genres précédens. Elles sont évidemment tomipares, et se reproduisent sous l'œil de l'observateur par division ou par dédoublement. On les trouve dans toutes les eaux, depuis celle des infusions jusque dans la mer, et parmi les lenticules. Les Kolpodinées se dissolvent en mourant par dessèchement, ainsi que les polypes d'eau douce de Trembley, sans que les molécules dont elles sont composées manifestent une vie individuelle, comme les molécules qu'émettent les Pandorinées ou les Volvociens, ce qui est déjà l'indice d'une vie plus compliquée.)

Genre 11. TRIODONTE, *Triodonta*; N. Corps membraneux, antérieurement tridenté, peu ou point variable dans son contour, se renflant quelquefois et élargi en avant. — *EXEMPLE. Triodonta kolpodina*; N. *Encycl. Dic. Kolpoda Cuneus*; MULLER, *tab. XVI. fig.* 6. 8. *Encycl. pl.* 7. *fig.* 28. 30.

Genre 12. KOLPODE, *Kolpoda*; MULL. Corps parfaitement membraneux, atténué au moins vers l'une de ses extrémités, très-variable, mais jamais au point d'étendre hors de lui-même des prolongemens qui les déforment entièrement, et n'offrant en aucune partie de sa surface de replis longitudinaux ou de cavités en forme de bourse. (Très-contractiles, mais jamais diffluens, les Kolpodes, transparens, rampent sur leur plat, et présentent déjà des rapports avec les Planaires par leur manière de nager. Selon leur forme générale on peut les répartir en deux sous-genres.)

* *Vibrionides*, ayant la partie antérieure prolongée en cou. — *EXEMPLES. Kolpoda trunca-*

tus; N. *Encycl. Dic. Vibrio Utriculus*; Mull. *tab. IX. fig.* 15. *Encycl. pl.* 4. *fig.* 28. — *Kolpoda planeriformis*; N. *Encycl. Dic. Vibrio intermedius*; Mull. *tab. X. fig.* 19. 20. *Encycl. pl.* 5. *fig.* 19. 20. — *Kolpoda Anas*; N. *Amiba*, *Encycl. Dic. Vibrio*; Mull. *tab. X. fig.* 3. 5. *Encycl. pl.* 5. *fig.* 3. 5.

** *Kolpodes proprement dits*, non prolongés antérieurement en cou. — *Exemples. Kolpoda cosmopolita*; N. *Encycl. Dic.* — L'un des infusoires les plus répandus, représenté dans Joblot, particulièrement pl. VI, fig. 2 et 6, pl. VII, fig. 2, 4, 6, etc., et dans Gleichen, pl. 28, fig. 8 et 9. — *Kolpoda Meleagris*; N. *Encycl. Dic.* Mull. *tab. XIV. fig.* 1. 6. *Encycl. pl.* 6. *fig.* 17. 22. — *Kolpoda Zigœna*; N. *Encycl. Dic. Meleagridis varietas*; Mull. *tab. XV. fig.* 4. 5. *Encycl. pl.* 6. *fig.* 26. 27. — *Kolpoda ocrea*; N. *Amiba*, *Encycl. Dic.* Mull. *tab. XIII. pl.* 9. 10. *Encycl. pl.* 6. *fig.* 7. 8. — *Kolpoda triangulata*, α et β; N. *Encycl. Dic. Gonium rectangulum* et *obtusangulum*; Mull. *tab. XVI. fig.* 17. 18. *Encyl. pl.* 7. *fig.* 9. 10. — *Kolpoda ovifera*; N. *Encycl. Dic. Paramœcium*; Mull. *tab.* 12. *fig.* 25. 27. *Encycl. pl.* 6 *fig.* 10. 12.

Genre 13. Amibe, *Amiba*; N. Corps membraneux, tellement diffluent et contractile tour à tour, que l'animal n'a de forme que celle qu'il veut se donner. (Êtres bien singuliers par l'étrange faculté qu'ils ont de s'étendre en tous sens, sans qu'on puisse déterminer quelle forme leur convient mieux de toutes celles qu'ils savent prendre, et sans qu'on distingue par quel mécanisme.) — EXEMPLES. *Amiba Roeselii*; N. *Encycl. Dic. Der kleine Proteus*; ROESEL, *Ins. III. tab. CI.* A. T. — *Amiba Mulleri*; N. *Encycl. Dic. Proteus diffluens*; MULL. *tab.* 11. *fig.* 1. 12. *Encycl. pl.* 1. *fig.* 1. (Synon. de Roësel exclus.) — *Amiba Anser*; N. *Encycl. Dic. Vibrio*; MULL. *tab. X. fig.* 7. 11. *Encycl. pl.* 5. *fig.* 7. 11. — *Amiba cydonea*; N. Bursaire protéoïde, *Encycl. Dic. Kolpoda Cuculus*; MULL. *tab. XIV. fig.* 7. 14. *Encycl. pl.* 7. *fig.* 1. 7. Pandeloques; GLEICHEN, *pl.* 15. 20 et 21. Cornemuses; JOBLOT, *pl.* 2. *fig.* 2; *pl.* 6. *fig.* 6; *pl.* 8. *fig.* 3, etc.

Genre 14. PARAMÆCIE, *Paramœcium*; MULL. Corps membraneux, ovoïde, alongé, avec un pli longitudinal, qui devient très-sensible sur le corps de l'animal quand il nage et qu'il veut changer de direction. — EXEMPLES. *Paramœcium Colymbus*; N. *Encycl. Dic. Vibrio*; MULL. *tab. IX. fig.* 16. 17. *Encycl. pl.* 4. *fig.* 32. — *Paramœcium Aurelia*; MULL. *tab. XII. fig.* 1. 14. *Encycl. pl.* 5. *fig.* 1. 12 (fig. 7 exclue). — *Paramœcium Lamella*; N. *Encycl. Dic. Kolpoda*; MULL. *tab. XIII. fig.* 1. 5. *Encycl. pl.* 6. *fig.* 1. 3. (Passage aux Planaires.)

V°. *FAMILLE DES BURSARIÉES.*

Corps membraneux, soit constamment soit quand l'animal se replie sur lui-même, prenant la forme d'une bourse, d'un sac, ou d'une petite coupe. (Les animaux de cette famille forment un passage naturel des Kolpodinées encore si simples, aux Urcéolariées déjà très-compliquées par les cirres vibratiles qu'on voit à leur orifice. On y trouve depuis les formes des Kolpodes, jusqu'à celles des Urcéolaires où la figure en coupe est la mieux arrêtée.)

Genre 15. Bursaire, *Bursaria*; Mull. Corps membraneux des Kolpodinées, destitué d'appendice, prenant dans la natation une forme concave ou plus ou moins excavée en capuchon ou en poche, mais non en urcéole invariable. — *Exemples*. *Bursaria truncatella*; N. *Encycl. Dic.* Mull. *tab. XVII. fig.* 1. 4. *Encyl. pl. VIII. fig.* 1. 4. — *Bursaria rostrata*; N. *Encycl. Dic. Cyclidium*; Mull. *tab. XI. fig.* 11. 12. *Encycl. pl.* 5. *fig.* 11. 12. — *Bursaria Chrysalis*; N. *Encycl. Dic. Paramœcium*; Mull. *tab. XII. fig.* 16. 19. *Encycl. pl.* 6. *fig.* 2. 4. — *Bursaria hirudinoïdes*; N. *Encycl. Dic. Kolpoda Cuculio*; Mull. *pl. XV. fig.* 17. 19. *Encycl. pl.* 7. *fig.* 17. 19. — *Bursaria calceolus*; N. *Ined.* Le Chausson; Joblot, *pl.* 10. *fig.* A. B. C.

Genre 16. Hirondinelle, *Hirundinella*; N. Corps membraneux, concave inférieurement avec une demi-cloison, et deux appendices latéraux. — *Exemple*. *Hirundinella quadricuspis*; N. *Encycl. Dic. Bursaria Hirundinella*; Mull. *tab. XVII. fig.* 9. 12. *Encycl. pl.* 8. *fig.* 9. 11.

Genre 17. Cratérine, *Craterina*; N. Corps membraneux, cylindracé, complétement urcéolé.

(Les Cratérines seroient de véritables Urcéolaires, si leur orifice était cirreux, et sont comme des enveloppes vivantes d'animaux qui semblent y manquer. Elles composent un genre assez naturel, mais presqu'artificiellement placé parmi nos Bursariées.) — *Exemples*. *Craterina margarina;* N. *pl. du Dic. clas.* En coupe ovale, oblongue, obtuse d'un côté, tronquée et ouverte de l'autre; nageant assez vivement, et indifféremment par un côté ou par l'autre, mais plus ordinairement le côté ouvert en avant, tournant souvent sur elle-même dans le sens de son axe; formée de molécules rondes, distinctes, longitudinalement sériales, en côtes de melon, et en même temps disposées en anneaux circulaires d'une manière plus ou moins distincte. Nous avons trouvé cette espèce dans de l'eau assez pure, où depuis un an nous élevions des Oscillaires. Sa couleur est d'un gris tirant sur le blond. — *Craterina viridis;* N. *Enchelis;* Mull. *tab.* 4. *fig.* 1. *Encycl. pl.* 2. *fig.* 1. — *Craterina Fritillus;* N. *Enchelis;* Mull. *tab.* 4. *fig.* 22. 23. *Encycl. pl.* 2. *fig.* 9. — *Craterina Lagenula;* N. Urinal; Joblot, *pl.* 8. *fig.* 2. Bouteille dorée, Joblot, *pl.* 8. *fig.* 4. 4. 5. et *pl.* 7. *fig.* 13. Obronde, légèrement contractile, s'amincissant en cou antérieurement, où elle est ouverte, et par où elle s'applique quelquefois à de petits corps étrangers qui la bouchent et qu'elle emporte ensuite en nageant. Elle se trouve dans diverses infusions végétales, particulièrement dans celle du céleri. — *Craterina stentorea;* Joblot, *pl.* 7. *fig.* 6; N. Oblongue, conique, amincie postérieurement, tantôt en pointe, tantôt obtuse; s'évasant souvent beaucoup antérieurement, où elle est ouverte en coupe, ou s'étrangle quelquefois en cou de bouteille, variant de forme encore plus que la précédente; fort transparente, très-délicate, et mourant assez promptement sur le porte-objet. Elle a été trouvée avec la précédente dans une infusion de céleri.

VI°. *FAMILLE DES VIBRIONIDES.*

Corps cylindracé, alongé, flexible, plus ou moins anguiforme. (Les Vibrionides commençant à présenter dans leur alongement et dans leur mouvement quelque ressemblance avec certains Entozoaires et divers Annélides, semblent être des ébauches de ces deux classes. Chez la famille qui nous occupe, on distingue déjà dans l'épaisseur de plusieurs espèces quelques traces de viscères formés par des globules où certains observateurs ont cru voir des œufs, tandis que d'autres ont prétendu que les Vibrions étoient vivipares. Sans prétendre nier qu'ils soient l'un ou l'autre, ni même l'un et l'autre, car la nature emploie dans ses créations beaucoup plus de modes de génération qu'on ne l'a cru jusqu'ici; nous avons observé sur plusieurs espèces un phénomène que nous n'oserions rapporter à la reproduction, mais qui mérite l'attention la plus sérieuse. En se desséchant sur le porte-objet, le corps des espèces anguiformes se divise en étranglemens qui le font paroître composé de globules disposés pôle à pôle comme de petits colliers de perles; on diroit les filamens de certaines Conferves, ou ceux de nos Anabaines, ou encore de ces petites suites de globules formées par les espèces du genre Monade, qui en mourant affectent une disposition sériale, qu'a fort bien saisie Muller en *a, a, fig.* 11 de sa planche première. Il y a donc déjà articulation, mais tellement microscopique, que le dessèchement est nécessaire pour dévoiler cette disposition organique et pour confirmer le soupçon où nous sommes que les Vibrionides peuvent être les Annélides, ou comme des Filaires (*Gordius*) rudimentaires, qui seroient une complication des Monades globuleuses, astreintes par quelque loi qui nous reste inconnue, à mener une vie commune, laquelle seroit différente de celle dont jouissent les Pandorinées, en ce que la disposition des Monades seroit ici sériale, au lieu d'être en glomérules.)

Genre 18. SPIRULINE, *Spirulina;* N. Corps filiforme, égal d'une extrémité à l'autre, se roulant en spirale de manière à présenter le plus souvent la forme d'un disque. — EXEMPLES. *Spirulina Mulleri;* N. *Encycl. Dic. Volvox Grandinella;* MULL. *tab. III. fig.* 6. 7. *Encycl. pl.* 1. *fig.* 7. — *Spirulina Ammonis;* N. *Encycl. Dic.* Volute; JOBLOT, *pl.* 11. *fig.* 3.

Genre 19. MÉLANELLE, *Melanella;* N. Corps filiforme, linéaire ou égal d'une extrémité à l'autre, complétement opaque, non roulé en disque. — EXEMPLES. *Melanella Atoma;* N. *Encycl. Dic. Vibrio Lineola;* MULL. *tab. VI. fig.* 1. *Encycl. pl.* 3. *fig.* 2. — *Melanella mo-*

nadina; N. *Encycl. Dic. Monas Punctum;* Mull. *tab.* 1. *fig.* 4. *Encycl. pl.* 1. *fig.* 3. — *Melanella Spirillum;* N. *Encycl. Dic. Vibrio;* Mull. *tab. VI. fig.* 9. *pl.* 3. *fig.* 8. — (C'est particulièrement dans des infusions de substances animales que nous avons observé les principales espèces de ce genre, dont quelques-unes se retrouvent néanmoins dans l'eau des mares. L'une d'elles s'est développée jusque dans de l'urine long-temps gardée. Extrêmement petites, la plupart sont comme des Monades, mais linéaires et opaques, s'agitant ou nageant par des mouvemens sinueux; on diroit des portions de fibrine jouissant d'une vie d'autant plus sensible, que les individus sont plus grands. Dans le *Spirillum*, par exemple, dont la découverte ne causa pas moins de surprise à Muller qu'elle ne nous en a causé, les mouvemens sont instantanés et consistent dans un développement ou une contraction en tire-bouchon, qu'on ne peut mieux comparer qu'à celui du laiton dont se forme la partie élastique d'une bretelle : on diroit une modification de la matière vivante qui tend à passer à l'état de fibre musculaire.)

Genre 20. Vibrion, *Vibrio;* Mull. Corps cylindracé, anguiforme, sensiblement aminci à ses extrémités, transparent, à travers lequel on commence à distinguer quelques rudimens d'organe intestinal outre la molécule constitutrice, quand la taille de l'animal n'est pas trop petite. — *Exemples. Vibrio Bacillus;* N. *Encycl. Dic.* Mull. *tab. VI. fig.* 3. *Encycl. pl.* 3. *fig.* 4. — *Vibrio aceti*; N. *Encycl. Dic. Anguillula* α; Mull. *Inf. p.* 63. Anguille du vinaigre des micrographes. — *Vibrio glutinis*; N. *Encycl. Dic. Anguillula* β; Mull. *tab. IX. fig.* 1. 4. *Encycl pl.* 4. *fig.* 16. 19. Anguilles de la colle des micrographes. — (Entre les animaux de ce genre et les véritables Entozoaires, il n'existe peut-être d'autre différence réelle que les proportions, et déjà les Vibrions proprement dits sont les plus grands et les plus agiles de tous les Gymnodés.)

Genre 21. Lacrimatoires, *Lacrimatoria*; N. Corps cylindracé, subrectiligne, antérieurement aminci en cou, que termine une dilatation en manière de tête. — *Exemples. Lacrimatoria Acus*; N. *Encycl. Dic. Vibrio*; Mull. *pl. VIII. fig.* 9. 10. *Encycl. pl.* 4. *fig.* 8. — *Lacrimatoria Olor*; N. *Amiba. Encycl. Dic. Vibrio*; Mull. *tab.* 10. *fig.* 12. 15. *Encycl. pl.* 5. *fig.* 12. 15. — *Lacrimatoria stricta*; N. *Encycl. Dic. Vibrio strictus*; Mull. *tab. X. fig.* 1. 2. *Encycl. pl.* 5. *fig.* 1. 2. — *Lacrimatoria Epistomium*; N. *Encycl. Dic. Enchelis*; Mull. *tab. V. fig.* 1. 2. *Encycl. pl.* 2. *fig.* 17. — (Dans ce genre, se dessine déjà un organe analogue à une tête, par lequel l'animal nageant, interroge les obstacles qui s'opposent à son ambulation, et quelques traces d'un intestin se reconnoissent dans la longueur du corps.)

Genre 22. Pupelle, *Pupella*; N. Corps cylindracé, épais, obtusé à ses deux extrémités, contractile, non anguiforme, ni terminé par un renflement assez distinct pour être comparé à une tête; légèrement polymorphe dans la natation. — *Exemples*. *Pupella Lutra*; N. *Encycl. Dic. Enchelis Larva*; Mull. *tab. V. fig.* 18. *Encycl. pl.* 2. *fig.* 32. — *Pupella Pupa*; N. *Encycl. Dic. Enchelis truncatus*; Mull. *tab. V. fig.* 15. 17. *Encycl. pl.* 2. *fig.* 33. 35. — *Pupella annulata*; N. *Vibrio Vermiculus*; Mull. *tab. VI. fig.* 10. 11. *Encycl. pl.* 3. *fig.* 1. — (Ce genre est plus facile à reconnoître qu'à définir. Les espèces qui se conviennent par un aspect particulier, sont néanmoins fort différentes les unes des autres, et ne pouvant rentrer dans aucun des genres précédens, ne peuvent cependant en former de nouveaux; ce sont des Vibrions obtusés, plus épais, non anguiformes.)

VII°. *Famille des Cercariées.*

Corps obrond, cylindracé ou comprimé, muni d'un appendice caudiforme, et faisant immédiatement suite à ce corps, dont il n'est qu'un prolongement, sans y être articulé. (Dans cette famille, on ne distingue encore nulle apparence de viscères ou d'organes quelconques, puisqu'une simple atténuation de la partie postérieure ne peut guère être considérée comme une vraie queue, mais seulement comme un appendice en forme de queue. Cependant plusieurs espèces présentent dans la molécule qui les constitue, des corps hyalins plus ou moins grands, dont on ne peut pas mieux expliquer les fonctions chez les Cercariées, que dans les animaux que nous avons vu précédemment en être munis. Ces nombreux animaux spermatiques dont on a long-temps nié l'existence, mais dont il n'est pas plus permis de douter aujourd'hui, que de l'animalité des plus petits Microscopiques, appartiennent à la famille des Cercariées.)

† *Corps cylindracé.*

Genre 23. Raphanelle, *Raphanella;* N. Corps cylindracé, contractile au point d'être quelquefois polymorphe; aminci postérieurement, mais où l'appendice, qui n'est qu'une prolongation du corps, n'est jamais flexueux, ni comme implanté.

* *Protéides.* Très-contractiles et de forme extrêmement variable. — *Exemples. Raphanella Proteus;* N. *Proteus tenax;* Mull. *tab. II. fig.* 13. 18. *Encycl. pl.* 1. *fig.* 2. — *Raphanella urbica;* N. *Cercaria viridis;* Mull. *tab. XIX. fig.* 6. 13. *Encycl. pl.* 9. *fig.* 6. 13. — (M. de Lamarck, induit en erreur par les figures de Muller et de Bruguière, où cette dernière espèce est représentée à tort, avec l'appendice caudal bifide, en avoit fait une Furcocerque. Les Raphanelles protéides sont pour ainsi dire des Pupelles, où se prononce une queue, et forment un passage très-naturel des Vibrionides aux Cercariées. Elles ont peut-être aussi quelqu'analogie avec le règne végétal, mais nous n'avons pas encore saisi ce rapport avec assez de certitude pour l'établir en fait.)

** *Pupellines.* Moins contractiles et ne changeant point de forme. — *Exemples. Raphanella raponculoides;* N. *Enchelis caudata;* Mull. *tab.* 4. *fig.* 25. 26. *Encycl. pl.* 2. *fig.* 16. — *Raphanella gemmata;* N. *Encycl. Dic. Enchelis;* Mull. *tab. V. fig.* 3. *Encycl. pl.* 2. *fig.* 18.

Genre 24. Histrionelle, *Histrionella;* N. Corps plus ou moins contractile, cylindracé, oblong, où l'appendice caudiforme est déjà fort distinct du corps. — *Exemples. Histrionella Pupula;* N. *Encycl. Dic. Enchelis;* Mull. *tab. V. fig.* 21. 24. *Encycl. pl.* 2. *fig.* 30. — *Histrionella annulicauda;* N. *Encycl. Dic. Cercaria Lemna;* Mull. *tab. XVIII. fig.* 8. 12. *Encycl. pl.* 8. *fig.* 8. 12. — (Un globule hyalin considérable et tellement distinct au milieu de la molécule organique, qu'on le prendrait pour un trou ou pour un petit miroir rond, caractérise encore ces animaux, dans l'un desquels Muller croyoit, mais probablement à tort, avoir découvert des rudimens d'yeux qui en eussent fait une Planaire; la polymorphie de quelques espèces forme un passage très-naturel des Kolpodinées aux Cercariées.)

Genre 25. Cercaire, *Cercaria;* N. Corps non contractile, arrondi antérieurement et très-obtus, à la partie postérieure duquel s'implante un appendice caudiforme à qui l'animal peut donner un mouvement flexueux. — *Exemples. Cercaria Lacrima;* N. *Encycl. Dic.* Comète; Gleichen, *pl. XVII.* D. III. *b*, etc. Joblot, *pl.* 5. *fig.* 5. R. et 6. X. — *Cercaria Girinus;* N. *Encycl. Dic.* Mull. *tab. XVIII. fig.* 1. *Encycl. pl.* 8. *fig.* 1.

Genre 26. TURBINELLE, *Turbinella*; N. Corps subpyriforme, obtus aux deux extrémités, avec un sillon en carène sur l'un des côtés; queue sétiforme, implantée et très-distincte du corps. — EXEMPLE. *Turbinella maculigera*; N. *Encycl. Dic. Cercaria Turbo*; MULL. *tab. XVIII. fig.* 13. 16. *Encycl. pl.* 8. *fig.* 13. 16. — (Nous n'avons jamais vu que l'espèce qui sert de type à ce genre soit ciliée comme le soupçonnoit Muller; ce qui la rejeteroit dans un autre ordre de Microscopiques que celui où nous la plaçons.)

†† *Corps comprimé.*

Genre 27. ZOOSPERME, *Zoosperma*; N. Corps non contractile, ovale, comprimé ou discoïde; appendice caudiforme implanté et très-distinct du corps, qu'il égale ou surpasse ordinairement de beaucoup en longueur. — EXEMPLES. *Zoosperma japetica*; N. *Encycl. Dic.* Animalcules du sperme de l'homme; GLEICHEN, *p.* 115. *pl.* 1. *fig.* 1. BAKER, *Exempl. micr. pl. XII. fig.* 1 (la meilleure). — *Zoosperma Pasiphæ*; N. *Encycl. Dic.* Animalcules spermatiques du taureau; GLEICHEN, *p.* 165. *pl. IX.* — *Zoosperma ranarum*; N. *Encycl. Dic.* Animalcules spermatiques de la grenouille; GLEICHEN, *p.* 169. *pl. XII.* BAKER, *Exempl. micr. pl. XII. fig.* 2. — (Des observateurs superficiels seroient exposés à prendre le même Zoosperme pour deux espèces, selon qu'il nage sur le plat, ou selon qu'il se présente de profil. Dans ce premier cas, c'est l'aspect d'une Cercaire proprement dite; dans le second, celui d'un Vibrion : ce qu'a fort bien représenté Gleichen dans le Zosperme de la grenouille, tandis que Baker n'en a saisi que le profil; ce qui explique la dissemblance des deux figures qui cependant conviennent bien au même animal. Nous avons observé plus de quatre-vingts espèces de Zoospermes appartenant à des animaux mâles de diverses classes, depuis l'homme jusqu'aux Mollusques. M. Dumas en a fait lithographier environ vingt-cinq espèces dans les *Annales des sciences naturelles ;* mais les figures données par cet observateur nous paroissent portées à un grossissement que nous ne croyons guère possible d'obtenir par le microscope composé. Il seroit à desirer que M. Léon Dufour, qui s'occupe avec tant de succès des organes génitaux des insectes, les y recherchât. Ledermuller prétendant en avoir trouvé chez le *Bombix mauri* (papillon du ver à soie). Nous avons des raisons de croire qu'ils ne sont pas identiques chez toutes les espèces que nous avons reconnues dans le genre humain : ce seroit un fait de la plus haute importance à vérifier. Le rôle que jouent les Zoospermes dans la génération ne nous paroit pas encore positivement déterminé, malgré les belles expériences qui ont été faites récemment à ce sujet. L'habitude que nous avons acquise de ce genre de recherche, nous rend tellement circonspects que nous n'adoptons, comme démontré pour nous, que ce que nous avons vu nous-mêmes, sans trouver mauvais qu'on se montre aussi sévère à notre égard.)

Genre 28. VIRGULINE, *Virgulina ;* N. Corps

oblong, membraneux, aminci par sa partie postérieure, en une très-petite queue fléchie en virgule sur l'un des côtés de l'animal. — EXEMPLES. *Virgulina Pleuronectes;* N. *Encycl. Dic. Cercaria;* MULL. *tab.* 19. *fig.* 19. 21. *Encycl. pl.* 10. *fig.* 1. 3. — *Virgulina Cyclidium;* N. *Encycl. Dic. Cercaria;* MULL. *tab. XX. fig.* 2. *Encycl. pl.* 10. *fig.* 6.

Genre 29. TRIPOS, *Tripos;* N. Corps non contractile, plat, antérieurement tronqué, aminci postérieurement en triangle, et terminé en queue droite non flexueuse, avec un appendice antérieur de chaque côté du corps. — EXEMPLE. *Tripos Mulleri;* N. *Encycl. Dic. Cercaria Tripos;* MULL. *tab. XIX. fig.* 22. *Encycl. pl.* 10. *fig.* 4.

VIII°. *FAMILLE DES URODIÉES.*

Corps se terminant en fourche au moyen d'un appendice caudiforme, bifide ou composé de deux parties qui déjà s'articulent sur la partie postérieure de ce corps. (Cette famille n'est plus aussi naturelle que les précédentes. L'organisation des animaux s'y compliquant, les Urodiées présentent des formes qui sont déjà celles qu'on va retrouver dans les ordres suivans; mais comme on n'y découvre ni cils, ni cirres vibratiles, ni rotifères, on est contraint de les laisser parmi les Gymnodés, dont ils sont les plus avancés, offrant quelques points de contact avec nos Crustodés et nos Urcéolariées.)

Genre 30. FURCOCERQUE, *Furcocerca;* LAMK.

Corps oval, oblong, sans anneaux, ni articulations, ni fourreau, postérieurement terminé en une queue fourchue qui lui est continue. — EXEMPLES. *Furcocerca Podura*; N. *Encycl. Dic.* LAMK. *Anim. sans vert. tom.* 1. *p.* 447. *n.* 1. *Cercaria*; MULL. *tab. XIX. fig.* 2. 4. 5. *Encycl. pl.* 9. *fig.* 2. 4. 5. Les figures 1 de Muller et de l'Encyclopédie représentent une Raphanelle, et la 3e. étant velue ne peut représenter qu'un Leucophre. — *Furcocerca serrata*; N. *Encycl. Dic. Vorticella furcata. Encycl. pl.* 22. *fig.* 24. 27, copiée de Ledermuller, *Recr. mic. pl. XLVIII. a. Furcularia furcata*; LAMK. *Anim. sans vert. tom.* 2. *p.* 39. *n.* 10. — (Encore que Muller dise que cette dernière espèce, qu'il ne figure pas, soit ciliée antérieurement, nous n'y avons rien vu de pareil, et les figures que nous citons la représentent comme nous l'avons observée, c'est-à-dire parfaitement glabre, et conséquemment gymnodée.)

Genre 31. TRICHOCERQUE, *Trichocerca*; N. Corps oblong, non contractile, subcrustacé, muni postérieurement de deux appendices caudiformes, infléchis, qui n'en sont point un prolongement immédiat, mais qui semblent s'y articuler. — EXEMPLES. *Trichocerca Orbis*; N. *Encycl. Dic. Furcocerca*; LAMK. *Anim. sans vert. tom.* 1. *p.* 448. *n.* 7. *Cercaria*; MULL. *tab. XX. fig.* 7. *Encycl. pl.* 10. *fig.* 8. — *Trichocerca Luna*; N. *Encycl. Dic. Furcocerca*; LAMK. *Anim. sans vert. tom.* 1. *p.* 448. *n.* 7. *Cercaria*; MULL. *tab. XX. fig.* 8. 9. *Encycl. pl.* 10. *fig.* 9. 10. —

(Ce genre forme déjà un passage aux Crustacés par nos Crustodés : les animaux qui le composent ayant comme un test rudimentaire. Nous avons emprunté le nom qui le désigne de M. de Lamarck. Cet auteur avoit appliqué ce nom à l'un des démembremens des Cercaires, dont il avoit senti la nécessité de former un genre à part ; mais l'examen des êtres vivans ne nous a pas permis d'adopter le genre tel que l'avoit formé le savant professeur.)

Genre 32. Ty, *Ty ;* N. Corps globuleux, sur lequel s'implante un appendice, fissé de manière à représenter la figure des lettres T et Y. — Exemple. *Ty puteorum ;* N. *Encycl. Dic. Vibrio Malleus;* Mull. *tab. VIII. fig.* 7. 8. *Encycl. pl.* 4. *fig.* 7. — (Une seule espèce très-extraordinaire forme ce genre, tellement différent du reste des Vibrions de Muller, qu'on a peine à concevoir comment ce savant l'y avoit comprise : cette espèce abonde dans l'eau de quelques citernes et de certains puits.)

Genre 33. Céphalodelle, *Cephalodella ;* N. Corps musculaire, comme vaginé, se plissant dans les divers mouvemens de l'animal, à l'extrémité antérieure duquel se forme un étranglement qui en sépare comme une sorte de tête, dans laquelle néanmoins ne se distingue encore ni orifice buccal, ni apparence de cils ou de cirres. — *Exemples. Cephalodella Catellus ;* N. *Furcocerca ;* Lamk. *Anim. sans vert. tom.* 1. *p.* 448. *n.* 4. *Cercaria ;* Mull. *tab. XX. fig.* 10. 10. *Encycl.*

pl. 9. *fig.* 22. 23. — *Cephalodella Catellina* ; N. *Furcocerca* ; LAMK. *Anim. sans vert. tom.* 1. *p.* 448. *n.* 5. *Cercaria* ; MULL. *tab.* XX. *fig.* 12. 13. *Encycl. pl.* 9. *fig.* 24. 25. — *Cephalodella fœni* ; N. Animal d'une infusion de foin vieux ; JOBLOT, *p.* 53. *pl.* 6. *fig.* 9. — *Cephalodella Lupus* ; N. *Furcocerca* ; LAMK. *Anim. sans vert. tom.* 1. *pag.* 448. *n.* 6. *Cercaria* ; MULL. *tab.* XX. *fig.* 14. 17. *Encycl. pl.* 9. *fig.* 26. 29. — (Les animaux de ce genre offrent déjà une composition, où se prononce une véritable tête, comme l'avoit fort bien remarqué Muller sur la première espèce. On les trouve indifféremment dans les eaux douces et dans les infusions.)

Genre 34. LÉIODINE, *Leiodina* ; N. Corps musculeux, subannelé, cylindracé, contractile, vaginiforme, avec un orifice buccal antérieur parfaitement sensible. — EXEMPLES. *Leiodina Crumena* ; N. *Encycl. Dic. Furcocerca* ; LAMK. *Anim. sans vert. tom.* 1. *p.* 447. *n.* 3. *Cercaria* ; MULL. *tab.* XX. *fig.* 4. 6. *Encycl. pl.* 9. *fig.* 19. 21. — *Leiodina vermicularis* ; N. *Encycl. Dic. Trichocerca* ; LAMK. *Anim. sans vert. tom.* 2. *p.* 25. *n.* 1. *Cercaria* ; MULL. *tab.* XX. *fig.* 18. 20. *Encycl. pl.* 9. *fig.* 30. 32. — *Leiodina forcipata* ; N. *Encycl. Dic. Trichocerca* ; LAMK. *Anim. sans vert. tom.* 2. *p.* 25. *n.* 2. *Cercaria* ; MULL. *tab.* XX. *fig.* 21. 23. *Encycl. pl.* 9. *fig.* 33. 35. — (Ce genre pourroit être divisé en deux, dont le premier auroit pour type le *Leiodina Crumena*, où l'orifice buccal est dépourvu de l'espèce de tentacule bifide, mais encore non cirreux, qu'on distingue dans les deux autres Léiodines. Ici se prononcent déjà des formes d'Ascidiens, ou plutôt de larves de divers insectes.)

Genre 35. KÉROBALANE, *Kerobalana;* N. Corps cylindracé, parfaitement et constamment urcéolé, ouvert en bourse, avec deux appendices latéraux opposés. — *EXEMPLES. Kerobalana Mulleri;* N. *Urceolaria cirrata;* LAMK. *Anim. sans vert. tom.* 2. *p.* 43. *n.* 17. *Vorticella;* MULL. *tab. XXXVII. fig.* 18. 19. *Encycl. pl.* 20. *fig.* 14. 15. — *Kerobalana Joblotii;* N. *Encycl. Dic.* Bourse ou Pot au lait; JOBLOT, *p.* 67. *pl.* 8. *fig.* 10. — (Les deux espèces constatées de ce genre seroient des Bursaires sans leurs appendices, qui sont postérieurs dans la première et antérieurs dans la seconde. Elles seroient des Urcéolariées si des cils ou cirres vibratiles en garnissoient l'orifice, qui au contraire est parfaitement glabre. Le Gland cornu de Joblot, *p.* 81, *pl.* 11, *fig.* 1, y doit peut-être appartenir.)

IX°. *GYMNODÉS* dont nous ne pouvons assigner la place dans les huit familles qui viennent d'être caractérisées.

Genre 36. TRIBULINE, *Tribulina.* Corps complétement membraneux, transparent, hérissé inférieurement d'appendices qui ne sont ni des poils ni des cirres, et qui lui donnent l'aspect d'une herse. — *EXEMPLE. Tribulina Rastellum;* N. *Encycl. Dic. Kerona;* MULL. *tab. XXXIII. fig.* 1.

2. *Encycl. pl.* 17. *fig.* 1. 2. — (Ce genre, dont la seule espèce est complétement diaphane, d'une organisation tellement simple, qu'on ne distingue dans la membrane qui la compose que quelques globules hyalins, forme le passage des Gymnodés à l'ordre suivant par les Kérones, dont il diffère principalement par sa nudité, étant parfaitement glabre, et n'offrant rien de vibratile en aucune partie de sa surface ou de ses bords. Le *Tribulina Rastellum* habite indifféremment l'eau des fleuves et celle de la mer.)

ORDRE II.

TRICHODÉS, où nulle ouverture buccale, ni organes internes déterminés ne se prononcent encore positivement, mais présentant des poils ciliaires ou des cirres non vibratiles sur la totalité ou sur quelques parties d'un corps simple, contractile.

Les animaux qui composent cet ordre ne sont guère plus compliqués que ceux du précédent; on n'y distingue encore nettement aucun organe; les corpuscules hyalins s'y multiplient seulement et y deviennent en général beaucoup plus considérables. Du reste, ce sont toujours les mêmes formes de corps, analogues pour la plupart à celles des genres précédemment établis, dont beaucoup sont variables, quelquefois avec des appendices non encore très-distinctement articulés, et l'on peut dire que chaque Gymnodé a son représentant parmi les Trichodés; cependant des cils ou des poils s'y montrent, soit répandus sur toute la surface des individus, soit distribués sur quelques-unes de leurs parties; mais quelque mouvement que leur donne l'animal, on ne peut encore comparer ces cils, soit immobiles, soit agités, avec ces cirres vibratiles qui acquièrent tant d'importance dans les ordres suivans, où l'observateur les voit insensiblement s'organiser en rotatoires complets, terme de l'organisation rudimentaire, puisqu'où ces rotatoires se développent, apparoît immédiatement un appareil circulatoire, et bientôt enfin des ovaires reproducteurs. Ici la génération ne paroît plus être ce qu'on peut appeler spontanée, dans l'acception raisonnable du mot, mais les espèces ne paroissent encore s'y reproduire que par division ou dédoublement. Dispensé d'y emprunter les caractères des formes du corps, on peut choisir ces caractères dans la disposition des cils, additions organiques d'une haute importance.

Quatre genres de Muller, les Leucophres, les Trichodes, les Kérones et les Himantopes, sont les types de cet ordre, mais ne pouvoient être adoptés tels que les caractérisa l'auteur danois, car *ciliatus, crinitus, corniculatus* et *cirratus*, par où il singularisoit ses quatre genres, ne suffisent pas pour les faire suffisamment distinguer les uns des autres. M. de Lamarck en laissa une partie dans l'ordre deuxième de sa classe des Infusoires, en les nommant *Appendiculés*, et en porta quelques autres dans sa classe suivante, parmi les Polypes ciliés. Mais nous ne trouvons encore rien dans les Trichodés qui en puisse faire des polypes, selon l'idée que nous nous formons de la véritable signification de ce mot.

Les Trichodés habitent les mêmes lieux que les Gymnodés et peuvent se diviser en deux familles, un peu arbitrairement circonscrites à la vérité, mais faciles à distinguer par le *facies*, et dont ce *facies* ou aspect est suffisant pour aider à répartir les genres, et faciliter l'étude.

I°. *FAMILLE DES POLITRIQUES*,

Chez lesquels des poils très-fins et non distinctement vibratiles sont répandus en villosités sur toute la surface du corps, ou en cils sur l'intégrité de sa circonférence. (Les animaux de cette famille semblent être des ébauches de ce genre Béroë, placé par M. de Lamarck dans l'ordre premier de ses Radiaires, et par M. Cuvier entre ses Acalèphes libres, dans la famille des Médusaires; plusieurs n'en diffèrent guère que par les dimensions, et l'agitation de leurs poils les fait quelquefois paroître billans, comme pour compléter la ressemblance.)

Genre 37. LEUCOPHRE, *Leucophra;* MULL. Corps non appendiculé, paroissant cilié dans quelqu'aspect qu'il se trouve, étant entièrement couvert de poils brillans très-fins.

* *Enchélioïdes;* ayant la forme de corps des Enchélides. — *EXEMPLE. Leucophra turbinata;* N. *Encycl. Dic.* MULL. *tab. XXII. fig.* 8. 9. *Encycl. pl.* 11. *fig.* 1. 2.

** *Volvoïdes;* ayant la forme des Volvoces.

— *Exemples. Leucophra Conflictor*; N. *Encycl. Dic.* Mull. *tab. XXI. fig.* 1. 2. *Encycl. pl.* 10. *fig.* 1. 2. — *Leucophra posthuma*; N. *Encycl. Dic.* Mull. *tab. XXI. fig.* 13. *Encycl. pl.* 10. *fig.* 13. — *Leucophra aurea*; N. *Encycl. Dic.* Mull. *tab. XXI. fig.* 14. *Encycl. pl.* 10. *fig.* 14.

*** *Paramœcioïdes*; ayant les formes des Paramæcies. — *Exemples. Leucophra virescens*; N. *Encycl. Dic.* Mull. *tab. XXI. fig.* 6. 8. *Encycl. pl.* 10. *fig.* 6. 8. — *Leucophra Joblotii*; N. *Encycl. Dic.* Poisson en forme de bouteille; Joblot, *p.* 84. *pl.* 12. *fig.* Y.

**** *Kolpodioïdes*; ayant les formes des Kolpodes. — *Exemples. Leucophra fluxa*; N. *Encycl. Dic.* Mull. *Zool. Dan. fasc.* 2. *pl.* 73. *fig.* 7. 10. *Encycl. pl.* 11. *fig.* 30. 33. — *Leucophra fluida*; N. *Encycl. Dic.* Mull. *Zool. Dan. tab.* 73. *fig.* 1. 6. *Encycl. pl.* 11. *fig.* 24. 29.

***** *Protéides*; prenant des formes analogues à celles des Amibes. — *Exemples. Leucophra dilatata*; N. *Encycl. Dic.* Mull. *tab. XXI. fig.* 19. 21. *Encycl. pl.* 10. *fig.* 19. 21. — *Leucophra fracta*; N. *Encycl. Dic.* Mull. *tab. XXI. fig.* 17. 18. *Encycl. pl.* 10. *fig.* 17. 18.

****** *Bursarioïdes*; ayant la forme des Bursaires. — *Exemple. Leucophra Hydrocampa*; N. *Encycl. Dic.* Chenille; Chausse; Cornet-à-Bouquin, etc.; Joblot, *p.* 83. *pl.* 12. *fig.* A. X. — *Leucophra bursata*; N. *Encycl. Dic.* Mull. *tab. XXI. fig.* 12. *Encycl. pl.* 10. *fig.* 12.

******* *Hétéroclytes*; dont chaque espèce

4

seroit susceptible de former un sous-genre et peut-être un genre. — *Exemples. Leucophra Pupella*; N. *Encycl. Dic. Trichoda crinita*; Mull. *tab. XXVII. fig.* 21. *Encycl. pl.* 14. *fig.* 18 (dont la forme est celle des Pupelles). — *Leucophra nodulosa*; N. *Encycl. Dic.* Mull. *Zool. Dan. pl.* 80. *fig. a. l. Encycl. pl.* 11. *fig.* 13. 21 (qui semble être un véritable Béroë microscopique).

Genre 38. Dicératelle, *Diceratella*; N. Caractères des Leucophres, avec une extrémité fissée ou munie de deux appendices. — *Exemples. Diceratella Larus*; N. *Leucophra. Encycl. Dic. Trichoda Larus*; Muller, *tab. XXXI. fig.* 5. 7. *Encycl. pl. XVI. fig.* 6. 8. — *Diceratella triangularis*; N. *Encycl. Dic. Leucophra cornuta*; Mull. *tab. XXII. fig.* 22. 26. *Encycl. pl.* 11. *fig.* 30. 39. — *Diceratella ovata*; N. *Encycl. Dic. Cercaria hirta*; Mull. *tab. XIX. fig.* 17. 18. *Encycl. pl.* 9. *fig.* 17. 18. — (Ce genre est entièrement artificiel; comme dans les Leucophres hétéroclytes, chaque espèce pourroit légitimement devenir le type d'un genre particulier. La dernière semble surtout être un Béroë microscopique.)

Genre 39. Péritrique, *Peritricha*; N. Corps cilié, n'ayant de poils qu'au pourtour et non sur toute sa surface.

* *Hélioïdes*; ayant le corps rond et les poils longs comme rayonnans. — *Exemples. Peritricha sol*; N. *Encycl. Dic. Trichoda*; Mull. *tab. XXIII. fig.* 13. 15. *Encycl. pl.* 12. *fig.* 13. 15. Joblot, *p.* 64. *pl.* 7. *fig.* 15. — *Peritricha*

polypiarum ; N. *Encycl. Dic.* ROESEL, *Ins. tom. III. pl.* 83. *fig.* 2. LEDERMULLER, *tom. II. pl.* 82. *fig.* 1. — *Peritricha Parhélia* ; N. *Encycl. Dic. Vorticella stellina* ; MULL. *tab. XXXVIII. fig.* 1. 2. *Encycl. pl.* 20. *fig.* 21. 22. *Urceolaria* ; LAMK. *Anim. sans vert. tom.* 2. *p.* 43. *n.* 19.

** *Pupelloïdes* ; ayant les formes des Pupelles, et les poils rigides et hérissés. — EXEMPLE. *Pérytricha farcimen* ; N. *Encycl. Dic. Trichoda* ; MULL. *tab. XXVII. fig.* 17. 20. *Encycl. pl.* 14. *fig.* 14. 17.

*** *Paramœcioïdes* ; ayant les formes des Paramæcies, et les poils courts, très-fins. — EXEMPLE. *Peritricha candida* ; N. *Encycl. Dic. Leucophra* ; MULL. *tab. XXII. fig.* 17. *Encycl. pl.* 11. *fig.* 10. — (La *figure* 20, *tab. XII* de Muller, et 5, *pl.* 6 de l'Encyclopédie, données comme un état du *Paramœcia Chrysalis* avec les *figures* 9, *tab.* 12 de Muller, et *fig.* 7 de la 5e de l'Encyclopédie, données comme un état de *Paramœcia Aurelia*, représentent évidemment deux espèces de Péritriques de ce sous-genre.)

Genre 40. STRAVOLÆME, *Stravolœma.* Corps cylindracé, cilié à son pourtour, antérieurement atténué en cou membraneux, variable, que termine un bouton en tête et cirreux. — EXEMPLE. *Stravolœma Echinorhynchus* ; N. *Encycl. Dic. Trichoda Melitea* ; MULL. *tab. XXVIII. fig.* 5. 10. *Encycl. pl.* 14. *fig.* 32. 37. — (Ce genre est un passage très-naturel aux Vers intestinaux ou Entozoaires par les Echinorhynques, à qui il ressemble tellement qu'il n'y a guère de différence que par l'*habitat* et les dimensions.)

IIº. *FAMILLE DES MYSTACINÉES.*

Dans cette seconde famille, les cils ne couvrent pas ou n'environnent point la totalité du corps; ils y sont distribués par petits faisceaux ou séries, qui varient en nombre d'une à trois, et qui sur le même animal ne sont pas toujours de même nature; ceux d'un faisceau ou série étant quelquefois très-courts et très-fins, tandis que ceux de l'autre sont longs, durs et comme en peigne. On y voit quelquefois même comme des appendices durs, en cirres ou en manière de piquans, mais jamais de véritables queues ou rien qui puisse y ressembler.

Genre 41. PHIALINE, *Phialina;* N. Un seul faisceau de cils disposés sur un bouton en forme de tête, qu'un rétrécissement en manière de cou rend très-sensible. — EXEMPLES. *Phialina versatilis;* N. *Encycl. Dic. Trichoda;* MULL. *tab. XXV. fig.* 6. 10. *Encycl. pl.* 13. *fig.* 6. 10. — *Phialina Protœus;* N. *Encycl. Dic. Trichoda;* MULL. *tab. XXV. fig.* 1. 5. *Encycl. pl.* 13. *fig.* 1. 5. BAKER, *Empl. micr. pl. X. fig. XI.* — (Ce genre diffère du précédent par son corps qui est glabre et non cilié; il se rapproche encore plus des Echinorhynques. Le *Trichoda Pupa*, MULL. *pl. XXVIII. fig.* 12. *Encycl. pl.* 15. *fig.* 10, qui s'y rapporte, pourroit devenir le type d'un genre particulier, dont le caractère seroit d'avoir la tête vide et en poche.)

Genre 42. TRICHODE, *Trichoda;* MULL. Un seul faisceau de poils ou cils non vibratiles à la partie antérieure d'un corps postérieurement glabre, et qui en avant ne se termine par aucun bouton en manière de tête.

* *Triquètres;* ayant le corps à trois faces. — EXEMPLE. *Trichoda Navicula ;* MULL. *tab. XXVII. fig.* 11. 12. *Encycl. pl.* 14. *fig.* 1. 4.

** *Volvoïdes;* ronds, moléculaires, avec les formes et l'organisation des Volvoces. — EXEMPLES. *Trichoda Cometa;* MULL. *tab. XXIII. fig.* 4. 5. *Encycl. pl.* 12. *fig.* 4. 5. — *Trichoda Bomba;* MULL. *tab. XXIII. fig.* 17. 20. *Encycl. pl.* 12. *fig.* 17. 20.

*** *Cylindracés;* plus ou moins variables. — EXEMPLES. *Trichoda fœta ;* MULL. *tab. XXV. fig.* 11. 15. *Encycl. pl.* 13. *fig.* 16. 20. — *Trichoda lichenorum ;* N. *Encycl. Dic. Trichoda linter α;* MULL. *tab. XXVII. fig.* 24. 26. *Encycl. pl.* 14. *fig.* 21. 23.

**** *Paramœcioïdes;* submembraneux. — EXEMPLES. *Trichoda piscis.* MULL. *tab. XXXI. fig.* 1. 3. *Encycl. pl.* 16. *fig.* 2. 5. — *Trichoda Anas;* MULL. *tab. XXVII. fig.* 14. 15. *Encycl. pl.* 14. *fig.* 11. 12. — *Trichoda Urnula ;* MULL. *tab. XXVII. fig.* 1. 2. *Encycl. pl.* 12. *fig.* 22. 23. — *Trichoda S;* MULL. *tab. XXVII. fig.* 7. 8. *Encycl. pl.* 13. *fig.* 48. 49. — *Trichoda Delphinus;* MULL. *tab. XXX. fig.* 11. 10. *Encycl. pl.* 15. *fig.* 33. 34.

Genre 43. YPSISTOME, *Ypsistomon;* N. Une

seule série latérale de cils situés sur l'un des côtés d'un corps turbiné, antérieurement ouvert et creusé, suburcéolé, avec un appendice terminal et deux autres appendices latéraux en forme de petites cornes dirigées en arrière. — *Exemple. Ypsistomon salpina;* N. *Encycl. Dic. Trichoda ignita;* Mull. *tab. XXVI. fig.* 17. 19. *Encycl. pl.* 13. *fig.* 39. 41. — (Genre fort remarquable en ce qu'il rentreroit dans les Urcéolariées, si son ouverture antérieure étoit ciliée, et qu'il fait un passage aux Tuniciers libres ou Ascidiens de M. de Lamarck par les Biphores (*Salpa*). Comme les Biphores, les Ypsistomes peuvent former des associations, un individu introduisant sa partie postérieure amincie, dans l'ouverture antérieure d'une autre.)

Genre 44. Plagiotrique, *Plagiotricha;* N. Poils ou cils disposés en une série longitudinale sur l'un des côtés du corps, plus ordinairement vers l'extrémité supérieure. — *Exemples. Plagiotricha annularis;* N. *Encycl. Leucophra;* Mull. *Zool. Dan. fas.* 2. *tab.* 73. *fig.* 11. 12. *Encycl. pl.* 11. *fig.* 34. 35. — *Plagiotricha vibrionides;* N. *Encycl. Dic. Trichoda barbata;* Mull. *tab. XXVII. fig.* 16. *Encycl. pl.* 14. *fig.* 13. — *Plagiotricha viridis;* N. *Urceolaria;* Lamk. *Anim. sans vert. tom.* 2. *p.* 41. *n.* 1. *Vorticella;* Mull. *tab. XXXV. fig.* 1. *Encycl. pl.* 19. *fig.* 1. 3. — *Plagiotricha aurantia;* N. *Encycl. Dic. Trichoda;* Mull. *tab. XXVI. fig.* 13. 16. *Encycl. pl.* 13. *fig.* 33. 36. — *Plagiotricha Phœbe;* N. *Encycl. Dic.* Le Pirouetteur; Joblot, *pl.* 11. *fig.* 2. — (Le *Cercaria setifera;* Mull. *tab. XIX. fig.*

14. 16. *Encycl. pl.* 9. *fig.* 14. 16., doit rentrer dans ce genre, encore que les cils latéraux y soient plus près de la queue que de la partie antérieure.)

Genre 45. Mystacodelle, *Mystacodella*; N. Corps antérieurement terminé par une fissure plus ou moins prononcée, formant comme des lèvres inégales qui sont munies de cils en manière de moustaches.

* Postérieurement glabres. — *Exemples. Mystacodella oculata*; N. *Encycl. Dic. Trichoda Uvula*; Mull. *tab. XXVI. fig.* 11. 12. *Encycl. pl.* 13. *fig.* 31. 32. — *Mystacodella Bipes*; N. *Trichoda forfex*; Mull. *tab. XXVII. fig.* 3. 4. *Encycl. pl.* 13. *fig.* 44. 45. — *Mystacodella Forceps*; N. *Encycl. Dic. Trichoda*; Mull. *tab. XXVII. fig.* 1. 2. *Encycl. pl.* 13. *fig.* 42. 43.

* * Postérieurement ciliées. — *Exemples. Mystacodella Cyclidium*; N. *Encycl. Dic. Trichoda*; Mull. *tab. XXXI. fig.* 22. 23. *Encycl. pl.* 16. *fig.* 32. 33. Araignée aquatique ou Goulue, Joblot, *pl.* 8. *fig.* 9. et *pl.* 10. *fig.* 19. — (Joblot représente, *pl.* 2. *fig.* 3—5, un animal tout semblable, mais qu'il dit cilié tout autour, ce qui en feroit un Leucophre.)

Genre 46. Oxitrique, *Oxitricha*; N. Non antérieurement fissés; des cils ou poils disposés en deux séries ou faisceaux.

* *Paramæcioïdes.* Faisceau de cils aux deux extrémités opposées d'un corps, non excavé en bourse. — *Exemples. Oxitricha Lepus*; N. *Encycl. Dic. Kolpoda*; Mull. *tab. XXXIV. fig.* 5.

8. *Encycl. pl.* 18. *fig.* 17. 20. — *Oxitricha pelionella ;* N. *Trichoda ;* Mull. *tab. XXXI. fig.* 21. *Encycl. pl.* 16. *fig.* 31.

** *Bursarioïdes.* Faisceaux de cils aux deux extrémités d'un corps qui est membraneux , et se repliant latéralement des deux côtés de manière à imiter parfaitement une Bursaire. — Exemple. *Oxitricha Bulla ;* N. *Encycl. Dic. Trichoda ;* Mull. *tab. XXXI. fig.* 20. *Encycl. pl.* 16. *fig.* 30.

*** *Pupoïdes.* Un faisceau de cils à l'une des extrémités du corps, et l'autre disposé en série sur l'un des côtés. — Exemples. *Oxitricha Gibba ;* N. *Encycl. Dic. Trichoda ;* Mull. *pl. XXV. fig.* 16. 20. *Encycl. pl.* 13. *fig.* 11. 15. — *Oxitricha Joblotii ;* N. *Encycl. Dic.* Poisson en forme de navette ; Joblot, *pl.* 2. *fig.* 6. — *Oxitricha Felis ;* N. *Encycl. Dic. Trichoda ;* Mull. *tab. XXX. fig.* 15. *Encycl pl.* 16. *fig.* 1. — (La Poule huppée de Joblot, *pl.* 2, *fig.* 1, est notre *Oxitricha Joblotii*, se doublant pour se reproduire.)

**** *Diplagiotriques.* Les deux séries de cils sur deux côtés du corps. — Exemple. *Oxitricha ambigua ;* N. *Encycl. Dic. Trichoda ;* Mull. *tab. XXVIII. fig.* 11. 16. *Encycl. pl.* 15. *fig.* 1. 5. — (Cette section est susceptible de former un genre particulier, si, comme le représente Muller dans l'individu figuré sous le n°. 16, ce que nous n'avons jamais pu apercevoir, un troisième faisceau de cils se développe à l'extrémité antérieure.)

Genre 47. Ophrydie, *Ophrydia ;* N. Des faisceaux de cils opposés et implantés aux deux côtés de la partie antérieure d'un corps arrondi, cylindracé ou turbiné. — *Exemples. Ophrydia diota ;* N. *Encycl. Dic. Trichoda ;* Mull. *tab. XXIV. fig.* 3. 4. *Encycl. pl.* 12. *fig.* 24. 25. — *Ophrydia Trochus ;* N. *Encycl. Dic. Trichoda ;* Mull. *tab. XXIII. fig.* 8. 9. *Encycl. pl.* 12. *fig.* 8. 9. — *Ophrydia Vorticellina ;* N. *Encycl. Dic. Urceolaria versatilis ;* Lamk. *Anim. sans vert. tom.* 2. *p.* 44. *n.* 26. *Vorticella ;* Mull. *tab. XXXIX. fig.* 14. 17. *Encycl. pl.* 21. *fig.* 1. 4. — (Les espèces de ce genre ont la forme extérieure des véritables Urcéolaires et les faisceaux de cils disposés à la même place, comme pour y former un passage très-naturel; mais elles ne sont pas urcéolées ou vidées en godets, et leurs cils ne sont pas véritablement vibratiles.)

Genre 48. Trinelle, *Trinella ;* N. Corps membraneux, aminci et glabre antérieurement, dilaté, variable et muni de deux ou de trois faisceaux de poils non vibratiles à la partie postérieure. — *Exemple. Trinella Pacha ;* N. *Encycl. Dic. Trichoda Floccus ;* Mull. *tab. XXIV. fig.* 19. 21. *Encycl. pl.* 12. *fig.* 40. 42.

Genre 49. Kérone, *Kerona ;* Lamk. Ayant, outre des cils mobiles disposés sur un côté ou tout autour du corps, des appendices particuliers en dentelures, en cirres fort longs ou en cornes sur quelques parties de leur étendue.

* *Kérones ;* Mull. Corps subcrustodé, dont

les appendices rigides sont en dentelures, en cornes ou pectinés. — EXEMPLES. *Kerona Lincaster*; MULL. *Zool. Dan. tab.* 9. *fig.* 3. *Encycl. pl.* 17. *fig.* 3. 6. — *Kerona calvitum*; MULL. *tab. XXXIV. fig.* 11. 13. *Encycl. pl.* 18. *fig.* 21. 23. — *Kerona Haustrum*; MULL. *tab. XXXIII. fig.* 7. 11. *Encycl. pl.* 17. *fig.* 11. 15. — *Kerona erosa*; N. *Encycl. Dic. Trichoda*; MULL. *tab. XXXII. fig.* 3. 6. *Encycl. pl.* 16. *fig.* 39. 42. — (Les espèces de ce sous-genre ne sont guère membraneuses comme le reste des Trichodés, mais semblent être formés d'une sorte de test ou carapace, qui en fait un passage très-naturel à nos Crustodés, qui sont des Crustacés rudimentaires.)

** *Himantopes*; MULL. Corps contractile, dont les appendices cirreux sont plus longs et plus flexibles que les cils. — EXEMPLES. *Kerona larvoides*; N. *Encycl. Dic. Himantopus Larva*; MULL. *pl. XXXIV. fig.* 21. *Encycl. pl.* 18. *fig.* 6. — *Kerona Ludio*; N. *Encycl. Dic. Himantopus*; MULL. *tab. XXXIV. fig.* 18. *Encycl. pl.* 18. *fig.* 3. — (C'est M. de Lamarck qui a réuni les Himantopes de Muller aux Kérones.)

Genre 50. KONDYLIOSTOME, *Kondyliostoma*; N. Corps cylindracé, avec un orifice buccal latéralement situé, garni tout autour de cils subvibratiles, plus longs que ceux qui semblent se montrer sur quelques parties de l'animal. — EXEMPLES. *Kondyliostoma Lagenula*; N. *Encycl. Dic. Trichoda patula*; MULL. *tab. XXVI. fig.* 3. 5. *Encycl. pl.* 13. *fig.* 23. 25. — *Kondyliostoma limacina;* N. *Encycl. Dic. Trichoda patens;* Mull. *tab. XXVI. fig.* 1. 2. *Encycl. pl.* 13. *fig.* 21. 22. — (Il faut ajouter à ces espèces le *Kondyliostoma Cyprœa;* N. *Trichoda sulcata;* Mull. *Zool. Dan. fasc.* 2. *pl.* 73. *fig.* 16. 20. *Encycl. pl.* 14. *fig.* 6. 10, que nous avons récemment retrouvé dans l'eau des Moules, et que nous avons reconnu appartenir à ce genre.)

IIIo. *FAMILLE DES URODÉES.*

Les Microscopiques de cette famille sont, parmi les Trichodés, ce que sont les Cercariées et les Urodiées parmi les Gymnodés, c'est-à-dire, que leur corps est terminé par un ou deux appendices caudiformes; mais ces animaux se sont déjà compliqués au moyen d'un faisceau de cils antérieurs, qui toutefois n'y garnissent point encore un orifice buccal comme dans les genres de l'ordre suivant. M. de Lamarck, qui établit l'un des genres que nous y comprenons, sentit la nécessité de séparer ce genre de sa classe des Infusoires, pour le porter en tête de ses Polypes ciliés, par lesquels commence sa seconde classe des animaux sans vertèbres.

Genre 51. Ratule, *Ratulus;* de Lamk. Corps alongé, glabre, antérieurement cilié, aminci en un appendice caudiforme simple. — *Exemples. Ratulus cercarioides;* N. *Encycl. Dic. Ratulus Clavus;* Lamk. *Anim. sans vert. tom.* 2. *p.* 24. *n.* 2. *Trichoda Clavus;* Mull. *tab. XXIX. fig.* 16. 18. *Encycl. pl.* 15. *fig.* 23. — *Ratulus lunaris;* N. *Encycl. Dic. Trichoda;* Mull. *tab.*

XXIX. fig. 1. 3. *Encycl. pl.* 15. *fig.* 11. 13. — *Ratulus Musculus ;* N. *Encycl. Dic. Trichoda ;* Mull. *tab. XXX. fig.* 5. 7. *Encycl. pl.* 15. *fig.* 28. 30. — *Ratulus Mus ;* N. *Encycl. Dic.* Rat d'eau; Joblot, *pl.* 10. *fig.* 4. — (Il est possible que la Grande-Gueule du même Joblot, *pl.* 10, *fig.* 20, regardée par Muller comme une fantaisie du graveur, qui auroit ajouté une queue à son *Trichoda Cyclidium*, l'une de nos Mystacodelles, soit une espèce fort réelle du genre Ratule, laquelle seroit caractérisée par sa partie antérieure fendue en deux lèvres.)

Genre 52. Diurelle, *Diurella;* N. Corps alongé, glabre, antérieurement cilié, aminci en un appendice caudiforme double. — *Exemples. Diurella Lunulina ;* N. *Dic. clas. tom.* 5. *Trichoda bilunis ;* Mull. *tab. XXIX. fig.* 4. *Encycl. pl.* 15. *fig.* 14. — *Diurella Tigris ;* N. *Dic. clas. tom.* 5. *Trichoda Tigris ;* Mull. *tab. XXIX. fig.* 8. *Encycl. pl.* 15. *fig.* 18. — (On croit distinguer une sorte de fourreau autour du corps des Diurelles, particulièrement de la seconde espèce ; ce qui forme un passage naturel aux principaux genres de l'ordre suivant.)

ORDRE III.

STOMOBLÉPHARÉS, où se distingue antérieurement une ouverture buccale, munie de cils ou cirres vibratiles, mais non d'organes rotatoires doubles, c'est-à-dire évidemment conformés en roue ; corps non testacé. — (Les Microscopiques de ce troisième ordre, toujours formés d'une molécule constitutrice transparente, où se voient des corps hyalins plus gros, sont encore fort simples, c'est-à-dire qu'on n'y distingue aucun organe interne dont on puisse assigner positivement l'usage. Le corps, soit nu, soit déjà recouvert d'une sorte de fourreau, mais jamais d'un véritable test, est également contractile, et conséquemment susceptible d'une certaine polymorphie; nulle enveloppe consistante ne le restreignant dans des formes invariables et rigoureusement symétriques. On peut en quelque sorte comparer à un tube intestinal la vacuité du corps, qui souvent demeure en forme de sac, ce qui offre beaucoup de rapport avec ces Polypes de Trembley, bien plus avancés dans l'échelle animale, et n'offrant cependant, comme nos Stomoblépharés, qu'une sorte d'estomac vivant, isolé. Mais les cils ou cirres vibratiles dont l'ouverture est garnie, compliquent singulièrement l'organisation de ces animaux. De ce que les mobiles qui font agir ces cirres échappent à notre vue, on auroit tort de conclure qu'ils n'existent pas; au contraire, si l'on en juge par la rapidité des mouvemens donnés à leurs cirres par les Stomoblépharés, il faut que le mécanisme qui occasionne de si rapides mouvemens soit très-puissant. C'est particulièrement cette faculté de faire vibrer si fort les cirres de leur orifice, outre la vacuité de leur corps, qui distingue notre troisième ordre de celui des Trichodés, où l'on trouve des poils ciliaires et des cirres, mais où ces parties ne sont pas positivement propres à la vibration.

La première section du premier ordre des Polypes de M. de Lamarck, que ce savant désigne sous le nom de *Vibratiles*, est l'ordre que nous établissons ici, quant aux caractères par lesquels le savant professeur l'a désigné; mais des trois genres *Ratule*, *Tricocerque* et *Vaginicole* qu'il y comprend, le dernier seul y convient tel qu'il fut constitué. Le second se démembre, et a dû être transporté aux simples Trichodés, tandis que les genres importans, *Furcularia* et *Urceolaria* de M. de Lamarck, placés par ce savant dans sa deuxième section, ou des Rotifères, n'y sauroient demeurer, et doivent être transportés parmi nos Stomoblépharés, vu que dans ces deux genres, ainsi que dans le reste de nos Stomoblépharés, les cirres vibratiles ne se développent jamais en organes rotatoires complets. Les animaux de cet ordre sont moins fréquens dans les infusions que les précédens. Ils doivent encore se substanter par absorption. On a regardé leurs cirres vibratiles comme destinés à attirer leur proie à l'aide du tourbillonnement que ces cirres déterminent dans l'eau. Nous avons effectivement vu ce tourbillonnement attirer parfois des Monades et autres Microscopiques minimes, et les engloutir dans la cavité interne; mais nous nous sommes convaincus que ces petits êtres engloutis étoient aussitôt rejetés, la plupart toujours vivans, par le même mécanisme, et conséquemment ne servoient pas à la nutrition des Stomoblépharés; nous regardons ces cirres comme étant plutôt l'ébauche des organes de la respiration, qui les premiers se montrent après l'appareil intestinal gastrique.)

I°. *FAMILLE DES URCÉOLARIÉES*,

Où le corps, entièrement nu, sans gaîne, et ne servant de gaîne à quoi que ce soit, n'est jamais terminé par une queue qui s'y articule, non plus que par un appendice caudiforme, encore qu'il se puisse atténuer postérieurement; il présente absolument la forme d'un cornet ou d'une cupule vide, antérieurement ouverte, ayant aux deux côtés du limbe des cirres vibratiles disposés en faisceaux opposés. (Il arrive souvent que dans le mouvement donné à ces cirres par l'animal, on croiroit ce limbe entièrement cilié, mais ce n'est qu'une apparence, et lorsque l'animal se repose, ou lorsqu'il se prépare à faire tourbillonner l'eau, on y reconnoît bien distinctement l'existence de deux faisceaux de cirres distincts.)

Genre 53. Myrtiline, *Myrtilina;* N. Corps en coupe, parfaitement vide, submembraneux, avec un ou deux cirres vibratiles de chaque côté; plusieurs individus s'agrégeant en glomérules sessiles par leur extrémité postérieure. — *Exemples. Myrtilina fraxinina;* N. *Encycl. Dic. Vorticella;* Mull. *tab. XXXVIII. fig.* 17. *Encycl. pl.* 20. *fig.* 37. — *Myrtilina cratægaria;* N. *Encycl. Dic. Vorticella;* Mull. *tab. XXVIII. fig.* 18. *Encycl. pl.* 20. *fig.* 38. Roesel, *Ins. T. III. pl. XCVIII. fig.* 3. — (M. de Lamarck avoit déjà indiqué par une note, l'établissement de ce genre à la suite de ses Tubicolaires (*Anim. sans vert. tom.* 2. *p.* 53), place où cependant ce genre ne pouvoit demeurer, aucune espèce n'y ayant d'organe rotatoire, et la capsule qui constitue les Myrtilines ne servant à renfermer aucune partie de l'animal, conformé en corps comme sert le fourreau des Tubicolaires. C'est avec les Cellépores de M. de Lamarck, qui ne sont pas positivement pierreux, comme le dit ce savant, mais bien plutôt membraneux, comme l'a fort bien remarqué Lamouroux, que les Myrtilines offrent le plus de rapports, particulièrement avec l'*ovoidea* et le *Magnevillana*, LAMX. *Polyp. flex. pl.* 1. *fig.* 1 et 3. — Le *Tubulipora orbiculus*, LAMK. *Anim. sans vert. tom.* 2. *pl.* 163. *n*°. 3. *Encycl. pl.* 479. *fig.* 3, ressemble encore beaucoup aux Myrtilines, seulement tous ces animaux sont un peu plus grands; mais nous sommes persuadés que lorsqu'ils auront été observés vivans, on y trouvera des cirres au limbe; alors tous seront du même genre, et un passage très-naturel sera établi des Stomoblépharés aux Flustrées. Les Myrtilines vivent parasites sur les tentacules des mollusques fluviatiles, ou sur les petits crustacés; ce qui pourroit faire supposer que ce ne sont que les animaux-fleurs de certains Psychodiaires croissant sur ces mêmes crustacés, et qui étant devenus libres, conservent encore dans leur nouvel état des habitudes sociales.)

Genre 54. RINELLE, *Rinella;* N. En coupe non totalement évidée, avec un corps interne dans le fond qui se prolonge par le centre en un mamelon saillant du milieu de ce limbe; ne s'associant jamais en glomérules. — *Exemples.* *Rinella myrtilina ;* N. *Encycl. Dic.* Semblable pour la forme à une baie du *Vaccinium Myrtilus ;* L. — *Rinella mamillaris ;* N. *Urceolaria bursata ;* Lamk. *Anim. sans vert. tom.* 2. *p.* 41. *n°.* 5. *Vorticella ;* Mull. *pl. XXXV. fig.* 9. 12. *Encycl. pl.* 19. *fig.* 12. 15. — *Rinella Nasus ;* N. *Encycl. Dic. Urceolaria nasuta ;* Lamk. *Anim. sans vert. tom.* 2. *p.* 43. *n°.* 18. *Vorticella ;* Mull. *tab. XXXVII. fig.* 20. 24. *Encycl. pl.* 20. *fig.* 16. 20.

Genre 55. Urcéolaire, *Urceolaria ;* Lamk. Corps complétement urcéolé, évidé, contractile, plus ou moins variable, postérieurement obtus, toujours libre et jamais terminé en queue. — (Il ne faut pas confondre avec les Urcéolaires les animaux-fleurs des Vorticellaires, lorsqu'ils sont devenus libres, et, qu'emportant avec eux une partie de leur pédoncule, on y croit voir une sorte de queue, qui trahit leur origine psychodiaire : tels sont, par exemple, les *Vorticella tuberosa* et *citrina* de Muller.)

* *Vorticelloïdes :* ayant les deux faisceaux de cirres vibratiles sensiblement distincts. — *Exemples. Urceolaria Sacculus ;* Lamk. *Anim. sans vert. tom.* 2. *p.* 43. *n°.* 16. *Vorticella ;* Mull. *tab. XXXVII. fig.* 14. 17. *Encycl. pl.* 20. *fig.* 10. 13. — (Les espèces de ce sous-genre seroient exactement des Bursaires ou des Cratérines, si elles n'étoient munies de cirres vibratiles.)

* * *Périblépharès :* où les cils vibratiles paroissent garnir tout le tour du limbe.

α. Les unes sont en forme de cupule ou de sac, c'est-à-dire, toujours ressemblant à des Bursaires ou à des Cratérines. — *Exemples. Urceolaria discina;* Lamk. *Anim. sans vert. tom.* 2. *p.* 44. *n°*. 20. *Vorticella;* Mull. *tab. XXXVIII. fig.* 3. 5. *Encycl. pl.* 20. *fig.* 23. 25. — *Urceolaria truncatella;* Lamk. *Anim. sans vert. tom.* 2. *p.* 44. *n°*. 23. *Vorticella;* Mull. *tab. XXXVIII. fig.* 14. 15. *Encycl. pl.* 20. *fig.* 34. 35.

β. Les autres sont difformes. — *Exemples. Urceolaria papillaris;* Lamk. *Anim. sans vert. tom.* 2. *p.* 43. *n°*. 15. *Vorticella;* Mull. *tab. XXXVII. fig.* 13. *Encycl. pl.* 20. *fig.* 9. — *Urceolaria valga;* Lamk. *Anim. sans vert. tom.* 2. *p.* 43. *n°*. 14. *Vorticella;* Mull. *tab. XXXVII. fig.* 12. *Encycl. pl.* 20. *fig.* 8.

Genre 56. Stentorine, *Stentorina;* N. Corps évidé, contractile, polymorphe, postérieurement atténué en pointe, de manière à donner à l'animal développé la forme d'un entonnoir ou d'un cornet à bouquin.

* *Solitaires-errantes :* elles sont foncées en couleur, soit que leur teinte tire sur le brun, soit qu'elle tire sur le vert; très-polymorphes, elles sont aussi bien plus grandes que tous les animaux précédens, et on peut en distinguer la plupart à l'œil désarmé, comme des points agités dans l'eau des marais. — *Exemples. Stentorina Infundibulum;* N. *Encycl. Dic. Urceolaria nigra;* Lamk. *Anim. sans vert. tom.* 2. *p.* 42. *n.* 10. *Vorticella;* Mull. *tab. XXXVII. fig.* 1. 4. *Encycl. pl.* 19. *fig.*

44. 47. — *Stentorina polymorpha;* N. *Urceolaria;* LAMK. *Anim. sans vert. tom.* 2. *p.* 42. *n.* 8. *Vorticella ;* MULL. *tab. XXXVI. fig.* 1. 13. *Encycl. pl.* 19. *fig.* 21. 23. — *Stentorina hyerocontica ;* N. *Vorticella stentorea ;* MULL. *tab. XLIII. fig.* 6. 12. *Encycl. pl.* 23. *fig.* 6. 12. ROESEL, *Ins. T. III. tab. XCIV. fig.* 8. LEDERM. *pl.* 88. *fig.* I. K.

* * *Sociales :* c'est-à-dire, se plaisant à se réunir en groupes, en rapprochant leur partie postérieure qu'elles fixent sur les lenticules ou autres corps inondés. Elles sont grisâtres et transparentes. — EXEMPLES. *Stentorina Roeselii;* N. *Encycl. Dic.* ROES. *Ins. T. III. tab. XCIV. fig.* 5. 6. LEDERM. *pl.* 88. *fig. f. g. h.* — *Stentorina biloba ;* N. *Encycl. Dic.* ROESEL, *Ins. T. III. tab. XCIV. fig. IV. tab. XCV. et tab. XCVI.* — (Ces deux dernières espèces, mal-à-propos rapportées par Muller à ses *Vorticella stentorea* et *socialis,* en sont bien différentes, et devroient peut-être constituer un genre distinct. S'évanouissant quelquefois sous l'œil de l'observateur en molécules, et susceptibles de se reproduire de leurs propres fragmens, ainsi que nous l'avons expérimenté, on diroit des Polypes d'eau douce de Trembley dépourvus de tentacules. Un point agité au centre, quelquefois d'un rouge de sang, et que nous regardons comme un cœur rudimentaire, avec des globules internes qui pourroient bien déjà remplir les fonctions d'ovaires, les avancent beaucoup dans l'échelle animale.)

Genre 57. SINANTHÉRINE, *Sinantherina ;* N.

Corps cupuliforme, atténué postérieurement en appendice caudiforme, ayant un double rang de cirres vibratiles à son orifice qui est oblique, avec une espèce de tentacule bifide au centre.—*Exemple. Sinantherina socialis*; N. *Encycl. Dic. Vorticella*; Mull. *tab. XLIII. fig.* 13. 15. *Encycl. pl.* 23. *fig.* 13. 15. — (Cet animal, encore plus grand que ceux du genre précédent, forme un passage très-naturel aux polypiers vaginiformes de M. de Lamarck par les Plumatelles, dont il ne diffère que parce qu'il présente des cirres vibratiles au lieu de tentacules. Il faut se garder de le confondre avec les Stentorines sociales, qu'il surpasse encore par les dimensions, ayant jusqu'à deux lignes de long. Très-visible à l'œil nu; il se réunit en familles, et forme de petites touffes sur la vase des marais.)

IIe. *FAMILLE DES THIKIDÉES*,

Où le corps, obscurément urcéolé, ouvert antérieurement, ayant le plus souvent l'orifice buccal cirreux tout autour, et terminé par une véritable queue, est contenu dans un fourreau ordinairement membraneux et toujours très-distinct, à travers lequel ses mouvemens contractiles se distinguent aisément. (On commence à reconnoître dans plusieurs espèces des genres qui constituent cette famille, un point mobile durant la vibration des cirres, et situé vers la partie que l'on peut considérer comme un cou; ce point agité représente, selon nous, une ébauche de cœur; l'évidement du corps en urcéole étant considéré comme l'ébauche de l'appareil digestif, qui a nécessairement précédé l'appareil circulatoire.)

Genre 58. Filine, *Filina;* N. Gaîne conique postérieurement, atténuée en pointe caudale filiforme, qui n'y est pas articulée, simple, entière, et que remplit le corps; tête obtuse dans l'état de dilatation de l'animal, garnie d'un faisceau central de cirres vibratiles, et munie de deux appendices tentaculaires alongés. — *Exemple. Filina Mulleri;* N. *Encycl. Dic. Brachionus passus;* Mull. *tab. XLIX. fig.* 14. 16. *Encycl. pl.* 28. *fig.* 14. 16. — (Sans les cirres vibratiles, les appendices tentaculiformes et la gaîne prononcée qui contient le corps, ce seroit un Ratule.)

Genre 59. Monocerque, *Monocerca;* N. Fourreau musculaire postérieurement atténué en un appendice caudiforme simple qui y est évidemment articulé; orifice dépourvu d'appendices tentaculiformes, cirreux tout autour. — *Exemples. Monocerca vorticellaris;* N. *Encycl. Dic. Vorticella tremula;* Mull. *tab. XLI. fig.* 4. 7. *Encycl. pl.* 21. *fig.* 20. 23. — *Monocerca longicauda;* N. *Encycl. Dic. Ratulus carinatus;* Lamk. *Anim. sans vert. tom.* 2. *p.* 24. *n.* 1. *Trichoda Rattus;* Mull. *tab. XXIX. fig.* 5. 7. *Encycl. pl.* 15. *fig.* 15. 17.

Genre 60. Furculaire, *Furcularia;* Lamk. Fourreau musculeux postérieurement atténué et garni d'un appendice caudiforme double ou bifide qui s'y articule évidemment; orifice dépourvu d'appendices tentaculiformes, cirreux tout autour. — *Exemples. Furcularia longiseta*; Lamk. *Anim. sans vert. tom.* 2. *p.* 39. *n.* 8. *Vorticella*; Mull. *tab. XLII. fig.* 9. 10. *Encycl. pl.* 22. *fig.* 16. 17. — *Furcularia lacinulata*; Lamk. *Anim. sans vert. tom.* 2. *p.* 38. *n.* 5. *Vorticella*; Mull. *tab. XLII. fig.* 1. 5. *Encycl. pl.* 22. *fig.* 8. 12. — *Furcularia Larva*; Lamk. *Anim. sans vert. tom.* 2. *p.* 57. *n.* 1. *Vorticella*; Mull. *tab. XL. fig.* 1. 3. *Encycl. pl.* 21. *fig.* 9. 11. — *Furcularia longicauda*; N. *Encycl. Dic. Trichocerca*; Lamk. *Anim. sans vert. tom.* 2. *p.* 25. *n.* 3. *Trichoda*; Mull. *tab. XXXI. fig.* 8. 10. *Encycl. pl.* 16. *fig.* 9. 11. — *Furcularia Felis*; Lamk. *Anim. sans vert. tom.* 2. *pag.* 13. *n.* 13. *Vorticella*; Mull. *tab. XLIII. fig.* 1. 5. *Encycl. pl.* 23. *fig.* 1. 5. — (Les *Vorticella senta* de Muller, *tab. XLI. fig.* 8. 14. *Encycl. pl.* 22. *fig.* 1. 7, et *aurita*, Mull. *fig.* 1. 3. *Encycl. pl.* 21. *fig.* 17. 19, que nous rapportons d'après M. de Lamarck à ce genre, pourroient bien en former de distincts, que caractériseroient les cirres vibratiles disposés en deux et en trois faisceaux très-séparés, et situés diversement, ou aux deux côtés opposés de l'orifice qui saille hors du fourreau en manière de tête.)

Genre 61. Trichocerque, *Trichocerca*; Lamk. Corps et fourreau très-musculeux, terminés par une queue articulée et composée. — *Exemple. Trichocerca Pocillum*; Lamk. *Anim. sans vert. tom.* 2. *p.* 26. *n.* 4. *Trichoda*; Mull. *tab. XXIX. fig.* 9. 12. *Encycl. pl.* 15. *fig.* 19. 22. *Furcularia stentorea*; N. *Encycl. Dic.* — (Le genre créé par M. de Lamarck est ici réformé, et ne contient plus que les espèces qui demeureroient des Furculaires, si leur queue plus fortement articulée encore, n'étoit composée et pour ainsi dire rameuse, munie qu'elle est, de cinq appendices, dont deux latéraux et un terminal. On diroit la partie postérieure de l'abdomen de certains insectes libelluloïdes.)

Genre 62. VAGINICOLE, *Vaginicola;* LAMK. Corps subturbiné ou alongé, terminé par une queue qui n'y est pas articulée, et contenu dans une gaîne ou capsule cylindracée, vitrée, libre, et que ce corps ne remplit pas tout entier. — (Ce genre, que Bruguière, long-temps avant M. de Lamarck, avoit senti la nécessité d'établir, forme un passage aux Foliculines, et se confondroit avec celles-ci, si de simples cirres vibratiles, et non de véritables organes rotatoires, n'en garnissoient seulement l'orifice buccal.)

* *Péribléphares :* où les cirres vibratiles paroissent garnir tout le tour de l'orifice. — *EXEMPLES. Vaginicola innata;* LAMK. *Anim. sans vert. tom.* 2. *p.* 27. *n.* 3. *Trichoda;* MULL. *tab. XXXI. fig.* 16. 19. *Encycl. pl.* 16. *fig.* 21. 24. — *Vaginicola inquilina;* LAMK. *Anim. sans vert. tom.* 2. *p.* 27. *n.* 1. *Trichoda;* MULL. *Zool. Dan. tab. IX. fig.* 2. *Encycl. pl.* 16. *fig.* 14. 17.

** *Oxitriques :* où les cirres vibratiles sont situés aux deux côtés opposés de l'orifice, que dans leurs mouvemens rotatoires ils ne paroissent jamais garnis tout autour. — *EXEMPLES. Vagini-*

cola vorticellina; N. *Encycl. Dic. Foliculina vaginata;* LAMK. *Anim. sans vert. tom.* 2. *p.* 30. *n.* 2. *Vorticella;* MULL. *tab. XLIV. fig.* 12. 13. *Encycl. pl.* 23. *fig.* 32. — *Vaginicola ingenita;* LAMK. *Anim. sans vert. tom.* 2. *p.* 27. *n.* 2. *Trichoda;* MULL. *tab. XXXI. fig.* 13. 15. *Encycl. pl.* 16. *fig.* 18. 20.

ORDRE IV.

ROTIFÈRES. Corps éminemment contractile, non couvert d'un test intimement adhérent, s'alongeant antérieurement en une sorte de tête bilobée, dont les deux lobes, entourés de cirres violemment vibratiles, présentent, à la volonté de l'animal, l'apparence de véritables roues indépendantes qui font tourbillonner l'eau.

Cet ordre fut créé par M. de Lamarck comme une simple section, la deuxième, entre ses Polypes vibratiles. Il y confondoit les Vorticelles, les Furculaires et les Urcéolaires, qui n'ayant que des cirres vibratiles, ne présentent pas de véritables organes rotatoires, avec les Brachions, dont plusieurs ont bien effectivement des rotatoires, mais qui étant aussi munis de tests très-évidens, comme les Crustacés branchiopodes, avec lesquels ils présentent les plus grands rapports, se dirigent vers une classe toute différente de celle vers laquelle tendent les Rotifères véritables ou non testacés. Qu'on substitue, par l'imagination, des appendices tentaculiformes aux cirres vibratiles des rotatoires de ces animaux, on aura des Cristatelles, des Alcionelles, des Plumatelles, des Tubulariées, en un mot de ces véritables Polypes, par lesquels on arrive à la vaste classe des tribus Pyschodiaires pour s'élever aux Rayonnés.

« En arrivant à cette section, dit le Linné français, les progrès de l'animalisation sont si marqués, que tous les doutes sur le caractère classique cessent complétement à l'égard de ces animaux. En effet, tous les Rotifères ont une bouche éminemment distincte quoique contractile; elle est même tellement ample, qu'il semble que la nature ait fait de grands efforts pour commencer l'organe digestif par cette ouverture essentielle. » En reconnoissant avec M. de Lamarck une bouche caractérisée dans les Rotifères, nous ne croyons pas que leurs rotatoires y soient positivement appropriés. Ces rotatoires, en faisant tourbillonner l'eau autour de la bouche, attirent à la vérité de plus petits Microscopiques, formant la nourriture habituelle des Rotifères; mais, comme pendant leur agitation on voit un organe intérieur de plus en plus dessiné, et très-distinct de ce qu'on peut regarder comme un tube intestinal qui parcourt la longueur du corps, être soumis à un mouvement prononcé de systole et de diastole, nous regardons cet organe comme un véritable cœur central, et les rotatoires comme des organes respiratoires, c'est-à-dire, comme des ébauches de branchies par paires symétriques. Ainsi, les Rotifères sont plus avancés à cet égard que les insectes, qui n'ont pas de cœur véritable, quelque fonction qu'on attribue à leur vaisseau dorsal.

On sent bien que des êtres déjà si compliqués ne peuvent plus être l'effet de ces générations spontanées, que doivent déterminer nécessairement de merveilleuses, mais simples lois d'affinités auxquelles obéissent les molécules des diverses espèces de matières primitives. On sent encore que pour se perpétuer, les Rotifères ne sauroient être réduits à la condition de tomipares, et si des sexes ne s'y montrent point encore, on doit commencer à y voir des ovaires et des gemmules propagatrices, que l'animal produit en lui-même et qu'il émet pour se ressemer, s'il est permis d'employer cette expression.

L'ordre des Rotifères ne contient encore pour nous qu'une seule famille.

Genre 63. Foliculine, *Foliculina;* Lamk. Corps contractile, dépourvu de tout appendice tentaculaire, molécularié, non musculeux, contenu, sans y adhérer intimement, dans un fourreau en forme d'ampoule, parfaitement transparent et libre, par l'ouverture antérieure duquel l'animal fait saillir une tête largement bilobée, sur le limbe de laquelle se développent les rotatoires. — *Exemple. Foliculina Ampulla;* Lamk. *Anim. sans vert. tom.* 2. *p.* 30. *n.* 1. — *Vorticella;* Mull. *tab. XL. fig.* 4. 7. *Encycl. pl.* 21. *fig.* 5. 8.

Genre 64. Bakérine, *Bakerina.* Corps contractile, comme annelé, contenu dans un fourreau en ampoule, auquel on ne lui voit point d'adhérences, dépourvu de tout appendice tentaculaire, ayant une tête bien marquée, aux côtés opposés de laquelle sont disposés extérieurement deux rotatoires indépendans, composés de longs et robustes cirres vibratiles implantés en faisceaux à l'extrémité d'un pédicule. — EXEMPLE. *Bakerina dipteriphora;* N. *Foliculina Bakeri. Encycl. Dic.* BAKER, *Empl. micr. tom.* 2. *pl. XIV. fig. XI. XII.* — (On peut certainement rapporter à ce genre bien caractérisé, ou du moins en rapprocher, un autre animalcule très-visible à l'œil désarmé, contenu dans un fourreau membraneux brunâtre, qu'on trouve fréquemment adhérant aux filamens du *Lemanea Corallina;* N. *Ann. du Mus. tom.* 12. *pl.* 21. *fig.* 2, sur les Fontinales ou sur l'*Hypnum ruscifolium* dans les eaux pures. Les faisceaux rotatoires de ces animaux semblent établir, d'un côté, un passage aux antennes des Cyprides ou des Cythérées, ou bien à ce que Straus, dans un magnifique travail sur les Daphnies, appelle *pieds antérieurs,* et d'un autre côté, peut-être aux cirres de certaines Amphitrites, vers qui ce genre forme un passage très-naturel.)

Genre 65. TUBICOLAIRE, *Tubicolaria;* LAMK. Corps contractile, oblong, sans nulle apparence d'articulations en aucune de ses parties, contenu dans un tube fixé sur les corps inondés, antérieurement tronqué, et par l'ouverture duquel l'animal développe une tête munie vers le cou de deux appendices tentaculaires, et développant un rotatoire que l'animal fait paroître bilobé ou quadrilobé à volonté. — *Exemple. Tubicularia quadriloba ;* Lamk. *Anim. sans vert. tom.* 2. *p.* 53. *n.* 1. *Rotifera quadricularis ;* Dutrochet, *Ann. Mus. t.* 19. *pl.* 18. *fig.* 1. 4. Polypes à fleurs ; Schoeff. *Ins. tab.* 1. *fig.* 2. 10. — (On a cru distinguer des yeux analogues à ceux des Mollusques dans ces animaux, que nous avons soigneusement examinés, mais il nous a constamment été impossible d'y apercevoir de tels organes.)

Genre 66. Mégalotroche, *Megalotrocha ;* N. Corps oblong, atténué en queue simple, subulée, annulée mais non articulée, n'étant contenu dans aucune ampoule, étui ni fourreau ; sans tête distincte, mais se développant antérieurement en deux vastes lobes bordés de rotatoires considérables. — *Exemple. Megalotrocha socialis ;* N. *Encycl. Dic. Vorticella flosculosa ;* Mull. *tab. XLIII. fig.* 16. 20. *Encycl. pl.* 23. *fig.* 16. 20. — (Cet animal est assez grand pour que les glomérules que forment les associations de plusieurs individus, en se fixant par leur queue sur les feuilles des plantes aquatiques, se distinguent aisément. Il est suprenant qu'on ait confondu les Mégalotroches avec les Vorticellés, puisqu'ils ne sont ni urcéolés ni renfermés dans aucune enveloppe en urcéole.)

Genre 67. Eséchièline, *Esechièlina ;* N. Corps alongé, cylindracé, évidemment contenu dans un fourreau musculeux, postérieurement terminé par une queue subarticulée, engaînante, rétractile et tricuspidée, antérieurement muni d'appendices tentaculaires, avec une tête distincte, qui se montre parfois entre les deux lobes rotatoires, tellement manifestes, que ces rotatoires paroissent souvent sous la forme de deux roues indépendantes qui tournent avec une grande vélocité. — EXEMPLE. *Esechièlina Mulleri ;* N. *Vorticella rotatoria ;* MULL. *tab. XLII. fig.* 11. 16. *Encycl. pl.* 22. *fig.* 18. 23. *Furcularia redivisa ;* LAMK. *Anim. sans vert. tom.* 2. *p.* 39. *n.* 9, qui n'est certainement pas la Rotifère de Spallanzani : cylindracée, alongée, s'amincissant en une très-longue queue, avec un tentacule très-distinct sous le cou, que ne forme pas un collier distinct, et deux autres tentacules rudimentaires en dessous ; faisant saillir sa tête en pointe mousse entre les deux lobes rotatoires, qui paroissent ne jamais former deux roues séparées, mais que l'animal relève quelquefois en dessus comme deux petites crêtes. C'est l'espèce que Muller a fort bien observée, mais pour laquelle il a entassé des synonymes, qui la plupart ne lui conviennent point. On la trouve fréquemment dans l'eau des fossés où croît la lenticule, et dans les vases où l'on conserve cette plante pour y étudier les Microscopiques. — *Esechièlina Bakeri ;* N. *The Wheel Animal in its several postures ;* BAKER, *Empl. p.* 288. *pl. XI. fig.* 1. *XII.* Espèce très-distincte de la précédente, et que nous avons souvent observée dans l'eau où nous élevions des Conferves, par son corps bien plus épais, court et ventru, prenant une forme turbinée dans la contraction et le repos, ou s'alongeant en forme de vers pour marcher à la manière des Chenilles arpenteuses, ayant la queue beaucoup moins longue; un cou souvent fort étranglé, marqué d'un collier sous lequel ne se voit qu'un appendice tentaculaire, sans autres tentacules rudimentaires; ne faisant point saillir une tête en pointe obtuse entre les deux rotatoires, qui la plupart du temps sont fort éloignées, imitant deux petites roues distinctes, comme pédicellées, dans la distance desquelles se distingue l'orifice buccal comme un petit trou. — *Esechièlina Leuwenhoekii;* N. Rotifère; Leuwen. *Contin. arc. nat. p.* 386. *fig.* 1. 2, reproduite par Dutrochet. *Ann. Mus. tom.* 9. *pl.* 18. *fig.* 12. 16. Chenille aquatique; Joblot, *p.* 56. *pl.* 5. *fig.* K? Ayant le corps ovoïde, atténué en queue, où se distinguent jusqu'à six articles, dont le dernier est tridenté et le pénultième bidenté, avec le cou marqué d'un collier sensible comme dans la précédente, sur lequel se développent deux appendices tentaculaires; faisant comme le *Mulleri* saillir sa tête en pointe obtusée, au centre des deux lobes rotatoires. Cette espèce se trouve fréquemment dans les infusions végétales. — *Esechièlina capsularis;* N. Baker, *Empl. micr. tom.* 2. *pl. XII. fig.* 3. — *Esechièlina gracilicauda;* N. Baker, *loc. cit. fig.* 1. Muller, en rapportant ces deux figures, *Inf. p.* 297, à son *Vorticella rotatoria,* avoit pressenti avec sa sagacité ordinaire qu'elles représentoient deux espèces différentes, dont nous avons reconnu l'existence. — (Ce genre renferme les plus extraordinaires des Microscopiques, tant par leur singulier aspect que par la bizarrerie de leur composition et la variété du spectacle qu'ils présentent sous le microscope. On y voit bien distinctement un cœur toujours en action, et rien n'approche de la rapidité avec laquelle, éminemment polymorphes, les Eséchièlines montrent leurs organes les plus essentiels, ou les font disparoître et changer de forme. M. Dutrochet a essayé de résoudre le problème du mécanisme de leurs rotatoires, mais il seroit peut-être possible d'en donner une autre démonstration. Quant à la célébrité qu'on leur a faite sous ce nom de Rotifères, qui ne pouvoit demeurer celui d'un seul genre, et d'après la faculté qu'on leur a supposée de recouvrer l'existence long-temps après qu'on les avoit laissées se dessécher, nous pouvons assurer que ce dernier point est absolument dénué de fondement et établi d'après des observations mal faites. De telles résurrections ne peuvent avoir lieu, surtout chez des animaux d'une organisation si compliquée, où existe une circulation de fluides déterminée par les mouvemens d'un cœur évident, et qui ayant une fois cessé, ne peut conséquemment se rétablir. De tels animaux sont au contraire aisément mis à mort par la moindre lésion ; car les êtres deviennent plus facilement périssables à mesure qu'ils se compliquent. Les plus parfaits sont les plus fragiles, et non-seulement une Eséchièline, ni aucun Rotifère, ne pourroient être rappelés à l'existence par l'humidité après avoir une fois cessé de vivre réellement par dessiccation, mais nous avons expérimenté qu'en divisant ces animaux, aucune de leurs parties ne reproduit d'animal nouveau, comme il arrive dans les Gymnodés, où l'expérience se fait naturellement sous les yeux de l'observateur, et dans les Polypes de Trembley, où on peut la faire soi-même en divisant ces êtres singuliers, qui sont conséquemment moins avancés dans l'animalité que les Rotifères cependant relégués dans les classes inférieures.

Il existe un grand nombre d'espèces d'Eséchièlines, soit dans les eaux douces des marais, où elles vivent de proie parmi les lenticules, soit dans diverses infusions; mais il leur est arrivé, comme à ces grandes créatures que rapproche quelque caractère tranché, qu'on les a toutes confondues en une seule; il est probable que chacune de celles que nous ont vaguement décrites et plus vaguement figurées divers micrographes, sont autant d'espèces différentes. On a prétendu apercevoir des yeux dans plusieurs d'entr'elles; nous n'avons jamais pu y distinguer de tels organes.

ORDRE V.

CRUSTODÉS. Corps protégé par un véritable test capsulaire, bivalve ou univalve, invariable dans ses formes spécifiques, et dans la transparence duquel on distingue la conformation interne moléculaire et contractile, qui rend le corps variable. (On diroit que dans le test des Crustodés la nature a voulu essayer les formes des enveloppes plus résistantes et souvent si bizarres des Malacostracés. Les animaux compris dans cet ordre sont généralement un peu moins petits que ceux des trois premiers, mais moins grands que la plupart de ceux des deux précédens. L'aspect que leur donne le test dont ils sont environnés ou couverts, les rend reconnoissables au premier coup d'œil, mais nul autre caractère commun ne les unit intimement; ainsi, les uns présentent des organes rotatoires très-complets, d'autres de simples cirres vibratiles, et il en est de parfaitement glabres dans toutes leurs parties. Ceux-ci sont munis de queues ou d'appendices caudiformes, ceux-là ne portent d'appendices d'aucune espèce. Aucuns cependant ne sont polymorphes dans l'étendue du mot. La plupart présentent, à travers des ébauches d'organes internes, une sorte de cœur qu'on a cru, mal-à-propos, avoir rapport à la déglutition; et comme leur test ne permet pas qu'ils se divisent pour se reproduire par la voie tomipare, on y distingue des ovaires ou gemmules reproductrices : ce qui n'en fait pas encore des Ovipares, mais les rapproche, ainsi que le reste de leur contexture, de cette sous-classe des Crustacés, établie d'abord par Muller sous le nom d'*Entomostracés,* et appelée plus récemment des *Branchiopodes.* Tous sont fort agiles, toujours transparens, et vivent évidemment de proie, l'absorption ne suffisant plus pour les substanter. On peut déjà les considérer comme des êtres symétriques, c'est-à-dire, dont une moitié est parfaitement semblable à l'autre, l'animal étant supposé divisé dans le sens vertical de sa longueur.)

§. Ier. *Des appendices postérieurs, soit en queue, soit en cornes.*

I°. FAMILLE DES BRACHIONIDES.

Corps ou test postérieurement muni de queue ou d'appendices, et antérieurement de cirres vibratiles, que l'animal fait saillir en déterminant un grand tourbillonnement dans l'eau. (Nous avons proposé l'établissement de cette famille, formée toute entière aux dépens du genre Brachion de Muller, dans l'Encyclopédie méthodique et dans notre *Dictionnaire classique d'histoire naturelle*, tom. II, p. 470. Nous y répartissions alors les genres dont elle se compose d'une manière trop artificielle, y comprenant des êtres que nous n'y pouvons plus laisser aujourd'hui, que nous avons tenté d'établir une méthode naturelle pour la classification des Microscopiques. Les espèces privées de queue, et celles qui ne présentent point de cirres vibratiles, doivent d'ailleurs en être distraites.)

† *Où les cirres vibratiles se développent en deux organes rotatoires complets et parfaitement distincts.* (Ce sont des Rotifères testacés et fixés intimement à leur fourreau ou à leurs valves, dont ils ne peuvent se détacher comme le font quelques Vaginicoles et toutes les Tubicolaires.)

α. Test capsulaire urcéolé.

Genre 68. Brachion, *Brachionus;* Mull. Test antérieurement denté, postérieurement dilaté et ouvert pour donner passage à une queue bifide.

* *Mutiques :* ayant le test postérieurement arrondi et simplement foraminé. — Exemples. *Brachionus urceolaris ;* Mull. *tab. L. fig.* 15. 21. *Encycl. Dic. n.* 20. *pl.* 28. *fig.* 22. 28. Grenade aquatique couronnée et barbue ? Joblot, *pl.* 9. — *Brachionus bicornis ;* N. Baker, *Empl. plat. XII. fig.* 4. 6, qu'il ne faut pas plus que le suivant confondre avec l'*urceolaris*, ainsi que l'a fait Muller. Le test, beaucoup moins élargi en arrière, ne présente point en avant et en dessus six dents à peu près égales et légèrement recourbées en dehors de chaque côté, mais seulement quatre à peu près droites, et dont les deux mitoyennes très-prononcées s'alongent en cornes. Cette espèce est l'intermédiaire du précédent et du *Bakeri*. — *Brachionus octo-dentatus ;* N. Baker, *Empl. plat. XII. fig.* 7. 10, ayant son test antérieurement crénelé tout autour, c'est-à-dire, en dessus et en dessous, les crénelures par paires, au nombre de huit, courtes et droites.

** *Armés :* ayant le test postérieurement très-ouvert et les côtés de l'échancrure s'alongeant en cornes. — Exemples. *Brachionus patulus ;* Mull. *tab. XLVII. fig.* 14. 15. Brug. *Encycl. Dic. n.* 22. *pl.* 28. *fig.* 32. 33. — *Brachionus Bakeri ;* Mull. *tab. XLVII. fig.* 13, et *tab. L. fig.* 22. 23. Brug. *Encycl. Dic. n.* 21. *pl.* 28. *fig.* 29. 31. Baker, *Empl. plat. XII. fig.* 11. 13.

Genre 69. Siliquelle, *Siliquella ;* N. Test antérieurement mutique, postérieurement arrondi, subbilobé, centralement foraminé, pour donner passage à une queue parfaitement simple et subulée. — EXEMPLE. *Siliquella Bursa-pastoris;* N. *Encycl. Dic. Brachionus impressus;* MULL. *tab. L. fig.* 12. 14. *Encycl. pl.* 28. *fig.* 19. 21.

Genre 70. KÉRATELLE, *Keratella;* N. Test presque carré, tronqué postérieurement, où il est armé de deux appendices prolongés en cornes opposées; ouvert, mais ne donnant point passage à une queue, l'animal en étant dépourvu. — EXEMPLE. *Keratella quadrata;* N. *Encycl. Dic. Brachionus quadratus;* MULL. *tab. XLIX. fig.* 12. 13. *Encycl. pl.* 28. *fig.* 17. 18.

β. *Test univalve ou en carapace.*

Genre 71. TRICALAME, *Tricalama;* N. Test oblong, antérieurement tronqué et denté; corps terminé par une queue bifide; l'animal émettant, outre ses rotatoires, un troisième corps cirreux, qu'il peut diviser en trois petits faisceaux pénicillés. — EXEMPLE. *Tricalama plicatilis;* N. *Lepadella; Encycl. Dic. n.* 2. *Brachionus;* MULL. *tab. L. fig.* 1. 8. *Encycl. pl.* 27. *fig.* 33. 37.

Genre 72. PROBOSKIDIE, *Proboskidia;* N. Test arrondi, n'étant échancré ou denté en aucune partie de son limbe, sous lequel le corps, terminé par une queue obtuse et muni de deux appendices cirreux latéraux, n'occupe guère que le centre; rotatoires se prolongeant longuement en cornets ou petites trompes. — EXEMPLE. *Proboskidia*

Patina; N. *Encycl. Dic. Brachionus*; MULL. *tab. XLVIII. fig.* 6. 10. *Encycl. pl.* 27. *fig.* 13. 16. — (Ce genre singulier présente de très-grands rapports avec l'Argule foliacé de Jurine, *Ann. Mus. tom.* 7. *pl.* 26. Il semble ne manquer ici, pour rendre la ressemblance complète, que les yeux et les parties articulées ; du reste, les deux rotatoires prolongés en cornets représentent les deux ventouses des pieds de devant : chose digne d'être notée, parce qu'elle confirme notre opinion sur des organes que dans nos Microscopiques nous croyons affectés bien plus à la respiration qu'à la déglutition.)

† † *Où les cirres vibratiles, disposés en faisceaux, plus ou moins fournis à l'orifice buccal, ne s'y développent jamais en deux rotatoires complets et parfaitement distincts.* (Ce sont des Trichodés attachés à un test, et auxquels certaines espèces de Kérones forment un passage.)

α. *Test univalve en carapace.*

Genre 73. TESTUDINELLE, *Testudinella*; N. Ayant les caractères du genre *Proboskidia*, si ce n'est que les cirres vibratiles n'y forment antérieurement qu'un faisceau et non deux rotatoires en cornets, et que la queue est subcentrale. — EXEMPLES. *Testudinella Argula*; N. *Encycl. Dic.* A carapace parfaitement ronde, comme discoïde et à peine convexe, de près d'une ligne de diamètre, ce qui fait de cet animal le plus grand des Brachionides ; l'ouverture buccale est garnie en dessous de deux dentelures pointues, entre lesquelles vibrent les cirres; la queue est très-distinctement annelée. — *Testudinella clypeata;* N. *Encycl. Dic. Brachionus;* Mull. *t. XLVIII. fig.* 11. 14. *Encycl. pl.* 27. *fig.* 18. 21. A carapace ovoïde, oblongue, légèrement repliée en dessous par les côtés dans la longueur de l'animal. — (Des observateurs superficiels pourroient au premier coup d'œil regarder les Testudinelles comme des têtards d'Argules véritables; mais on doit les prévenir d'avance que dans ces animaux, ainsi que dans le reste de la sous-classe des Entomostracés, des pattes qu'on ne voit pas ici, accompagnent le jeune animal dès sa naissance, et que les Entomostracés, loin de se compliquer pour parvenir à l'état parfait, s'appauvrissent au contraire en quelque sorte de plusieurs membres, ainsi qu'il est facile de s'en convaincre en considérant de jeunes Cyclopes, par exemple, qui présentent deux paires de pattes bifides, tandis que les adultes n'en ont plus d'aucune sorte; d'ailleurs, les Argules ont des yeux dès leur naissance, et les Testudinelles, non plus que les Proboskidies, n'en n'ont jamais.)

Genre 74. Lépadelle, *Lepadella;* N. Test antérieurement ou postérieurement denté ou échancré, subovalaire; queue bifide. — Exemples. *Lepadella Patella;* N. *Encycl. Dic. Brachionus;* Mull. *tab. XLVIII. fig.* 15. 19. *Encycl. pl.* 27. *fig.* 26. 30. — (Ce genre un peu artificiel, à cause de l'aspect divers des espèces que nous sommes réduits à y réunir, telles que le *Trichoda cornuta* et le *Brachionus lamellaris* de Muller, pourra être un jour divisé.)

β. Test bivalve.

Genre 75. Mytiline, *Mytilina ;* N. Test fendu longitudinalement, ce qui le rend bivalve, antérieurement et postérieurement échancré ou denté; queue bifide. — *Exemples. Mytilina Lepidura ;* N. *Encycl. Dic. Brachionus ovalis ;* Mull. *tab. XLIX. fig.* 1. 3. *Encycl. pl.* 28. *fig.* 1. 3. — *Mytilina Limnadina ;* N. *Brachionus tripos ;* Mull. *tab. XLIX. fig.* 4. 5. *Encycl. pl.* 28. *fig.* 4. 5. — *Mytilina Cytherea ;* N. *Encycl. Dic. Brachionus dentatus ;* Mull. *tab. XLIX. fig.* 10. 11. *Encycl. pl.* 28. *fig.* 6. 7. — *Mytilina Cypridina ;* N. *Brachionus mucronatus ;* Mull. *tab. XLIX. fig.* 8. 9. *Encycl. pl.* 28. *fig.* 8. 9. — (De ce genre à la petite famille des Ostropodes, établie par l'infatigable et sagace M. Straus, à qui la science doit de si beaux travaux sur les Entomostracés, il n'existe presque plus aucune distance, et la famille des Brachionides se lie si intimement à la classe des Crustacés par ce passage, qu'on pourroit la détacher de celle des Microscopiques, pour l'y rapporter comme une troisième et dernière sous-classe, si l'absence de pattes n'étoit regardée comme un obstacle à cette transposition.)

γ. Test capsulaire.

Genre 76. Squatinelle, *Squatinella ;* N. Test capsulaire, non denté antérieurement, postérieurement armé de deux appendices, et foraminé pour donner passage à une queue articulée, dont l'extrémité est bifide. — *Exemple. Squatinella Caligula ;* N. *Encycl. Dic. Brachionus cirratus ;* Mull. *tab. XLVII. fig.* 12. *Encycl. pl.* 28. *fig.* 13. — (Les Squatinelles présentent certainement de grands rapports avec les Caliges, et paroissent être l'ébauche de la petite famille qu'on pourroit former avec ce genre et ces Lernées, sur lesquelles M. de Blainville a récemment publié un si beau travail.)

IIº. *FAMILLE DES GYMNOSTOMÉES.*

Corps postérieurement muni d'appendices caudiformes articulés, antérieurement tout-à-fait glabres, c'est-à-dire, dépourvus de rotatoires et de cirres vibratiles. (Les êtres que nous plaçons dans cette famille sont plus avancés dans l'organisation que ceux du premier ordre, puisqu'on y voit un test et des appendices caudiformes évidemment articulés avec un orifice buccal sensible ; mais le sont-ils beaucoup plus que les Trichodés, dans lesquels les cirres et poils ciliaires sont déjà une complication si notable ? Ils sont certainement inférieurs aux Stomoblépharés, mais n'en ont pas moins de grands rapports avec les Brachionides, parmi lesquels nous les avions confondus d'abord ; ce qui, malgré leur nudité buccale, nous force à les comprendre dans l'ordre des Crustodés, comme une ébauche ou un appendice de cette famille.)

Genre 77. Silurelle, *Silurella ;* N. Test capsulaire, antérieurement obtus, muni centralement d'un orifice buccal glabre, situé entre deux appendices tentaculaires; partie postérieure du corps articulée, terminée par deux queues, qui finissent chacune par un filet simple. — *Exemples. Silurella Cyclopina;* N. *Encycl. Dic.* Ayant l'orifice buccal très-petit, évidemment muni de six petites dentelures; les deux tentacules terminés par un petit poil ciliforme; le corps ovale-oblong et vert. Cette espèce est de nos eaux douces. — *Silurella Boscii;* N. *Encycl. Dic. Cercaria cornuta;* Bosc, *Dict. de Déterville, tom.* 4. *pl.* A. 28. *fig.* 11. Ayant l'orifice buccal grand, rond, sans dentelures apparentes; les tentacules obtus, sans cils; le corps ovoïde, avec la queue plus courte que dans la précédente. Cette espèce est marine. — (Ce genre présente absolument l'aspect de Cyclopes, et particulièrement celui de l'espèce appelée *quadricornis*, Mull. *Entom. tab. III. fig.* 1. Variété verdâtre de Jurine, *Monoc. pl.* 7. *fig.* 1. Mais on n'y voit point d'antennes ni d'antennules articulées. Les deux appendices, qui dans les Silurelles ont quelques rapports de position avec ces organes, ne sont ici que de simples mais bien réelles tentacules. La queue, qui est véritablement double et non bifide, n'est point terminée à l'extrémité de ses deux branches par des appendices velus, comme digités, au nombre de quatre; et quant au point central antérieur, situé entre les tentacules, nous devons le regarder comme une bouche et non comme un œil, ayant vu ses dentures se contracter ou s'élargir selon la volonté de l'animal; ce qui n'arrive pas dans les stémates ou yeux sessiles.)

Genre 78. Colurelle, *Colurella;* N. Test bivalve, à travers lequel on distingue un corps contractile et une tête légèrement distincte, munie au centre de deux tentacules courts, qui souvent paroissent se confondre en un petit bec que l'animal fait saillir au dehors; queue terminale, annelée, terminée par deux filets simples. — *Exemple. Colurella uncinata;* N. *Encycl. Dic. Brachionus;* Mull. *tab. L. fig.* 9. 11. *Encycl. pl.* 28. *fig.* 10. 12. — (Muller croit y avoir aperçu des cirres vibratiles, mais peu distincts : nous ne les avons jamais vus.)

Genre 79. Squamelle, *Squamella;* N. Test univalve, antérieurement échancré, arrondi par-derrière; corps postérieurement muni de deux appendices latéraux, tentaculaires, dirigés en arrière, et terminé par une queue profondément bifide, comme composée de deux branches épineuses. — *Exemples. Squamella limulina;* N. *Encycl. Dic. Brachionus Bractea;* Mull. *tab. XLIX. fig.* 6. 7. *Encycl. pl.* 27. *fig.* 31. 32. — (On distingue déjà dans ce genre cet organe que nous regardons comme un rudiment de cœur, et non comme destiné à la déglutition : des ovaires y sont également sensibles. Il offre quelques rapports avec les Lépadelles, mais l'absence de cirres vibratiles quelconques l'en distingue suffisamment.)

§. II. *Pas d'appendices postérieurs ni de queues.*

III°. *Famille des Citharoïdées.*

Test ou enveloppe membraneuse recouvrant un corps muni, soit antérieurement, soit aux deux extrémités opposées, de cirres vibratiles ou servant parfois à faciliter les mouvemens de locomotion de l'animal, qu'il nage ou qu'il marche. — (Les Microscopiques que nous réunissons dans cette famille, sont comme des Brachionides de la seconde division, c'est-à-dire, dont les cirres vibratiles antérieurs, quoique bien visibles, ne se développent pas en rotatoires complets; mais ils sont totalement dépourvus de queue; ils rappellent encore les Kérones, qui semblent présenter une ébauche de test. Les cirres qui en garnissent les deux extrémités paroissent indifféremment remplir les fonctions d'organes vibratiles ou de petites pattes.)

Genre 80. ANOURELLE, *Anourella*; N. Test en carapace, denté en avant; corps muni antérieurement d'un à trois faisceaux de cirres vibratiles, qui commandent l'ébauche d'un cœur. — *EXEMPLES.* *Anourella Luth*; N. *Brachionus squamula*; MULL. *tab. XLVII. fig.* 4. 7. *Encycl. pl.* 27. *fig.* 4. 7. *Dic. n.* 2. — *Anourella Cithara*; N. *Brachionus Pala*; MULL. *tab. XLVIII. fig.* 1. 2. *Encycl. pl.* 27. *fig.* 8. 9. *Dic. n.* 3. — *Anourella Lyra*; N. *Brachionus striatus*; MULL. *tab. XLVII. fig.* 1. 3. *Encycl. pl.* 27. *fig.* 1. 5. *Dic. n.* 1. — *Anourella pandurina*; N. *Brachionus bipalium*; MULL. *tab. XLIII. fig.* 3. 5. *Encycl. pl.* 27. *fig.* 10. 12. *Dic. n.* 4. — (C'est par erreur que nous avons autrefois supposé les Anourelles douées de rotatoires complets; les cirres vibratiles n'y sont bien certainement disposés qu'en faisceaux. L'*habitus* de ces animaux les rapproche néanmoins des Tricalames; on diroit aussi les carapaces microscopiques de

Malacostracés brachiures enlevées à leur animal, et dépourvues de leurs membres.)

Genre 81. Plœsconie, *Plœsconia*; N. Corps moléculaire, adhérant au fond d'un test cristallin, évidé et conformé par ses bords et en manière de petite barque, l'animal nageant avec agilité, le côté concave toujours en dessus; cirres vibratiles aux deux extrémités, et se prolongeant parfois sur l'un des côtés du corps. — *Exemples*. *Plœsconia Vanus*; N. *Encycl. Dic. Kerona*; Mull. *tab. XXXIII. fig.* 19. 20. *Encycl. pl.* 18. *fig.* 6. 7. — *Plœsconia Charon*; N. *Encycl. Dic. Trichoda*; Mull. *tab. XXXII. fig.* 12. 20. *Encycl. pl.* 17. *fig.* 6. 14. — *Plœsconia Arca*; N. *Encycl. Himantopus Charon*; Mull. *t. XXXIV. fig.* 22. *Encycl. pl.* 18. *fig.* 7. — (Muller prétend avoir surpris ces animaux s'accouplant; nous les avons aussi vus se joignant deux à deux par celle de leur extrémité où les cirres ne s'étendent point sur un côté pour y vibrer; mais une telle jonction étoit-elle un accouplement chez des êtres où l'on ne distingue aucune trace d'ovaires, et dont le corps se réduit en molécules modanaires par la mort? Les Plœsconies nageant bien certainement sur le dos, offrent par-là un rapport frappant avec les Entomostracés, qui la plupart nagent aussi de cette manière.)

Genre 82. Coccudine, *Coccudina*; N. Corps moléculaire, adhérant au fond d'un test cristallin, évidé et libre sur les bords, en forme de petit capuchon; l'animal employant ses cirres pour nager ou pour marcher, le côté concave toujours en dessous. — *Exemples*. *Coccudina Keronina*; N. *Ke-*

rona Patella; Mull. *tab. XXXIII. fig.* 16. 17. *Encycl. pl.* 18. *fig.* 1. 4. — *Coccudina clausa;* N. *Kerona patella, minor;* Mull. *fig.* 18. *Encycl. fig.* 5. — *Coccudina Cimex;* N. *Trichoda;* Mull. *tab. XXXII. fig.* 21. 23. *Encycl. pl.* 17. *fig.* 15. 18. Petite araignée aquatique; Joblot, *pl.* 10. *fig.* 15.—*Coccudina Cicada;* N. *Trichoda;* Mull. *tab. XXXII. fig.* 25. 27. *Encycl. pl.* 17. *fig.* 18. 20. — (Ces animaux, qui diffèrent surtout des précédens en ce que leurs cirres semblent leur servir principalement à marcher, à la manière des insectes aquatiques, sur les corps inondés, et qu'ils ne nagent pas sur le dos, ont aussi été surpris se réunissant par leur partie postérieure. Lorsque retirant leurs cirres, ils s'appliquent par leur partie inférieure, ou leur ventre contre le limon des marais, ou les plantes mises en infusion pour leur donner naissance, on diroit de petits Coccus. M. de Lamarck, dont ils seroient indifféremment des Trichodes ou des Kérones, n'en a mentionné aucune espèce, ayant sans doute jugé que leur conformation testacée les éloignoit de sa première classe, tandis que leurs cirres ne remplissoient pas dans leur existence des fonctions organiques assez importantes pour les transporter parmi ses Polypes vibratiles. On n'y distingue d'ailleurs aucune trace de cœur, ni d'ovaires. Ils ne doivent cependant, non plus que les précédens, être tomipares.)

Il est plusieurs Microscopiques décrits par nos devanciers, et qui, ayant échappé à nos recherches, n'ont pu être compris dans cet essai méthodique. Parmi ces animaux, nous citerons les suivans, comme ceux qu'il seroit le plus important de retrouver et d'observer de nouveau, pour savoir quelle place on leur doit assigner dans l'ordre naturel, parce qu'ils touchent au premier degré de l'organisation rudimentaire de la matière vivante.

1°. Ce que Gleichen nomme tantôt *Jeux de la nature*, et d'autres fois *Balles-ramées*, et qu'il figure *pl. XIV*. A. III. *c*; B. I. *b*; *pl. XVII*. B. I. *a*; D. I. *b*; II. *d*; *et pl. XIX*. D. I. *b. c. d. e. f*; E. I. On diroit deux individus des *Monas Punctum* ou *Bulla*, N., placés à deux ou trois de leur diamètre, et unis par un corps filiforme qui les tiendroit assujettis et dans la dépendance l'un de l'autre. Les deux globules ainsi liés, se dirigent en avant et en arrière, selon la volonté de l'un ou de l'autre, comme on suppose que le devoit faire cet Amphisbène fabuleux de l'antiquité, serpent dont les deux extrémités avoient une tête qui dirigeoit à son tour la reptation de l'animal.

2°. Ce que le même micrographe appelle *Chaos*, et qu'il représente *pl. XV*. A. I. *a*; *pl. XVII*. B. II et III; *pl. XXI*. A. II; G. I. Ce sont des masses sans formes déterminées, composées de molécules confuses et inégales, où l'on ne voit rien qui puisse faire supposer une organisation quelconque, mais qui cependant n'en manifestent pas moins tous les symptômes de la vie, allant, venant spontanément, et nageant en tout sens.

3°. Le *Vorticella cincta* de Muller, *pag*. 256. *tab. XXXV*. *fig*. 5. 6. A. B. *Encycl. pl*. 19. *fig*. 6. 9, où existent certainement deux espèces d'un même genre, mais dont nous ne pouvons nous former une idée juste. Il est impossible d'y voir une Urcéolaire avec M. de Lamarck, et nous y verrions plutôt un Crustodé.

Ce que Muller nomme *Leucophra heteroclita*, *tab. XXII. fig.* 27. 34, reproduit dans l'Encyclopédie méthodique, *pl.* 11. *fig.* 40. 46, n'appartient point aux Microscopiques; ce sont de jeunes individus d'une espèce de Tubulariée d'eau douce, ou de Polypes vaginiformes de M. de Lamarck, que le savant danois a négligé de comparer avec les individus adultes, si communs par masses de la grosseur d'une noix, sur les chaumes inondés des scirpes dont se couvrent les plages des étangs dans l'Europe septentrionale, où nous en avons souvent observé. On a lieu d'être surpris que les tentacules, non moins visibles dans ces animaux que dans les Plumatelles, aient pu être confondues par un aussi grand observateur avec les simples poils ou cirres dont se couvrent les Leucophres.

Quant aux Vorticelles composées, ou simplement pédicellées, figurées dans les planches XLIV, XLV et XLVI de Muller, ainsi que dans les 24e., 25e. et 26e. planches de l'Encyclopédie, elles n'appartiennent point à la classe des Microscopiques, dont elles s'éloignent même beaucoup, quoiqu'elles y confinent avec les Urcéolaires. Simples végétaux durant une partie de leur existence, elles produisent à certaines époques de leur développement, des boutons qui, au lieu de s'épanouir en fleurs, deviennent de véritables animaux communiquant leurs facultés vitales aux rameaux qui les produisirent. Devenus adultes ou mûrs, car ces deux expressions conviennent également ici, ces animaux-fleurs se détachent de leur pédoncule au temps prescrit pour jouir enfin d'une liberté absolue; on ne sauroit qu'arbitrairement contraindre de telles créatures, plantes durant la moitié de leur vie, animaux pendant l'autre, à rentrer dans l'un des vieux règnes adoptés jusqu'ici par les naturalistes, pour renfermer la totalité de la création organique. Il étoit donc indispensable d'établir un règne nouveau pour contenir ces Vorticelles avec les autres productions de l'inépuisable nature, qui présentent comme elles des phases végétales et des phases animales durant le cours de leur existence. Nous l'avons définitivement fondé ce règne nouveau, mais dès long-temps indiqué, et dans notre Dictionnaire classique, tome VIII, page 246, il est appelé Psychodiaire, et caractérisé de la sorte dans le tableau joint à l'article Histoire naturelle : Où chaque *individu* apathique se développe, et croît à la manière des minéraux et des végétaux jusqu'à l'instant ou des propagules animés répandent l'espèce dans des sites d'élection. (*Voyez* Psychodiaire, tome II, 2e. partie des *Zoophytes* de l'Encyclopédie méthodique.)

Après avoir indiqué quels sont les rapports par lesquels les Microscopiques se rapprochent des animaux compris dans les classes supérieures, et dont ils sont pour ainsi dire comme la matière première ou la donnée créatrice, il nous reste à parler d'une propriété que la plupart des naturalistes semblent leur avoir généralement reconnue sans difficulté. Cette propriété est une phosphorescence qu'on a regardée comme la cause de celle de la mer. « Depuis Aristote et Pline, dit M. Péron (*Voyage de découverte aux Terres australes, tom.* 1. *p.* 121), ce phénomène a été pour les voyageurs et pour les physiciens, un égal objet d'intérêt et de méditation. L'auteur dont nous empruntons ces paroles, peint à son tour : la surface de l'Océan étincelante dans toute son étendue, comme une étoffe d'argent électrisée dans l'ombre, ou déployant ses vagues en nappes immenses de soufre et de bitume embrasé; ailleurs, ajoute-t-il, on diroit une mer de lait dont on n'aperçoit pas les bornes. « M. Péron donne ensuite une longue liste d'auteurs, entre lesquels l'Escarbot ne lui échappe point, et chez qui il emprunte les traits de feu dont il illumine ses images ; il parle de boulets rouges de vingt pieds de diamètre, de cônes de lumière pirouettans, de guirlandes éclatantes, de serpenteaux lumineux, qu'il a vus comme tous les écrivains qu'il cite, et conclut en s'étayant du témoignage de Bernardin de Saint-Pierre, qui, décrivant avec enthousiasme ces étoiles brillantes qui semblent jaillir par milliers du fond des eaux, assure que celles de nos feux d'artifices n'en sont qu'une bien foible imitation. « Pour l'explication de ces prodiges, s'écrie M. Péron, combien de théories n'ont pas été émises ! » Il les passe en revue; une seule, selon lui, *n'est pas absurde ;* il ne dit positivement pas laquelle en cet endroit, mais il assure que dans ses journaux de météorologie, il a eu occasion de résoudre le problème. Malheureusement la partie de ces journaux où le problème fut résolu, n'a pas été publiée, ou du moins ne nous est point connue ; nous savons seulement que l'observation suivante est l'une de celles que cite M. Péron comme lui étant propre.

« Le phénomène de la phosphorescence de la mer est d'autant plus sensible, que l'obscurité de la nuit est plus profonde. » (5°. *p.* 125. *loc. cit.*) Ce que nous ne prétendons point contester, attendu que nous savons, sans qu'on l'ait jamais imprimé, que les étoiles ne sont pas visibles en plein midi quand le soleil brille. M. Péron dit ensuite (7°. *p.* 125. *loc. cit.*) : « Tous les phénomènes de la phosphorescence des eaux de la mer, quelque multipliés, quelque singuliers qu'ils puissent être, peuvent cependant être rapportés tous à un principe unique, la *phosphorescence propre aux animaux, et plus particulièrement aux mollusques.* »

En attendant un travail sur la phosphorescence de la mer, que nous comptons incessamment soumettre à l'Académie des sciences, nous nions positivement ce fait, quelle que soit l'autorité des témoignages qui l'appuieroient.

Nous n'irons pas chercher nos raisons dans Stravorinus, Bourzeils, Béal, Alder, Rothges, Dagelet, Morogue, Van-Neck, ni dans l'Escarbot lui-même, en convenant, dût-on nous accuser d'ignorance, n'avoir pas lu de telles autorités ; nous conviendrons même n'avoir jamais vu au sein de ces mêmes mers, où nous voyageâmes avec

M. Péron, d'étoiles plus belles que celles de nos feux d'artifices, de cônes pirouettans, de boulets rouges, de guirlandes ni de serpenteaux; mais, armés d'un microscope, nous avons soigneusement et minutieusement examiné les eaux de bien des parages, dans l'espoir de nous initier, par le secours de cet instrument, au mystère de la phosphorescence que M. Péron suppose, dans cinq ou six pages, pittoresque et sonore, mais sans alléguer un seul fait positif, être occasionnée par des animalcules marins, etc. Il se trouve précisément que, dans la longue liste d'autorités appelées au secours de son éloquence, les résultats positifs de nos observations sont demeurés inconnus à M. Péron, encore que nous les eussions publiées dès l'année 1804, c'est-à-dire, avant le retour en Europe des restes de l'expédition Baudin, et que l'ouvrage où elles furent consignées, nous eût déjà valu le titre honorable de correspondant de l'Institut.

Encore que le tableau que nous avons alors tracé d'une mer phosphorescente ne soit pas aussi animé que celui qu'en fit M. Péron, nous croyons pouvoir le reproduire en terminant cet article. On trouvera peut-être dans sa simplicité des traits de ressemblance qui eussent disparu sous un coloris trop brillanté; on y verra surtout, qu'un amas de vaine érudition ne vaut pas mieux qu'un amas de phrases vaines, lorsqu'il est question de rechercher la vérité, et qu'il est plus efficace d'interroger la nature même, quand on prétend surprendre ses secrets, que certains livres à peu près inconnus, et que ceux du précepteur d'Alexandre-le-Grand, ou d'un compilateur des premiers temps du vieil empire des Césars.

Dans toutes les régions de l'Océan, dès que le jour disparoît, une nouvelle lumière semble jaillir du sein des eaux, comme pour tempérer la lugubre tristesse dont se frappe l'immense étendue. Aux crêtes des vagues qui retombent sur elles-mêmes; dans le remous continuel opéré autour du gouvernail des grandes comme des moindres embarcations; dans les lames qu'entr'ouvre la proue du vaisseau; enfin, dans les flots tumultueux qui se brisent sans interruption sur les rochers et les rescifs, ou se déroulent sur de longues plages, les parties écumantes ou agitées des eaux brillent d'une multitude de points scintillans. Ces points, quoiqu'éblouissans, sont souvent presqu'imperceptibles; d'autres fois on diroit les éclairs précurseurs de la foudre. Cependant, un vaisseau poussé par les vents impétueux au sein des mers et de la nuit, laisse au loin derrière lui une trace éclatante qui s'efface avec lenteur. Des rivages sablonneux baignés par l'onde amère, des algues ou autres productions de l'Océan qu'on vient d'en retirer, paroissent tout-à-coup lumineuses dans l'obscurité, pour peu qu'on les touche ou qu'on les agite; de sorte que le pied ou la main de l'homme posés sur l'arêne, y impriment des vestiges qui brillent d'une lueur semblable à celles des Lampyres. Il existe des parages, et particulièrement ceux des pays chauds et de la ligne, où de telles bluettes sans nombre produisent un éclat très-remarquable, à l'extérieur même de l'Océan. Un baquet d'eau de mer, puisé pendant le jour, et dans lequel on s'est assuré par le secours d'un verre grossissant qu'il n'existe aucun être animé, produit de même dans l'obscurité, quand on le remue, des points lumineux, et laisse jusque sur les corps qu'on y plonge, des indices de phosphorescence. Si l'on garde cette eau, si on la laisse se corrompre, elle perd sa qualité étincelante.

Outre ces étincelles lumineuses dont il vient d'être parlé, les grandes eaux sont remplies par une multitude d'êtres qui répandent des lueurs inhérentes à leur organisation. Nous avons le premier décrit un animal chez lequel cette propriété est éminente (le *Monophora noctiluca*, N. *Pyrosoma* de M. Péron). Ces êtres lucifères appartiennent tous à la classe des vers diaphanes et gélatineux, tels que les Méduses, les Béroës et les Biphores, flottans dans le vaste sein des mers, où ils sont, comme le disoit Linné, semblables à des astres suspendus dans ses obscures profondeurs ; ils paroissent maîtres d'une lueur dont, à leur gré, ils augmentent ou diminuent l'intensité, et qu'ils font cesser totalement quand ils paroissent le vouloir.

S'il n'étoit pas démontré que de tels animaux sont dépourvus de sexe, on pourroit présumer qu'en leur donnant le pouvoir de manifester leur existence, au moyen d'une lumière qui leur est propre, la nature permit qu'ils pussent faire de cette lumière un signal d'amour, et qu'un sexe se servît de ses feux pour allumer les feux de l'autre.

Il semble d'abord que des animaux à peine organisés, jetés sans défense et sans moyen d'échapper au sein d'un élément dont les chocs sont terribles, d'un élément habité par des créatures voraces et monstrueuses, auxquelles une immense quantité de nourriture sans choix est nécessaire pour alimenter leur masse bizarre; il semble, disons-nous, que ces animaux n'ont reçu de la nature une organisation diaphane, qu'afin que, confondus par leur transparence avec les fluides où ils vivent, les ennemis qu'ils ont à redouter ne puissent profiter de leur inertie pour en détruire les races entières. Cependant, par quelle vue, en apparence contradictoire, la nature leur a-t-elle donné une qualité opposée à celle qui leur permet de se confondre avec ce qui les environne? Pourquoi dans le silence et durant les ténèbres les voit-on, en quelque sorte, s'élancer hors d'eux-mêmes, et répandre au loin les indices de leur fragile existence? Il y a plus, c'est à l'instant même où se présente un péril, que les animaux phosphoriques répandent leurs lumières humides; ils semblent avertir par leur émission qu'ils sont là; et loin que le timide sentiment de leur extrême foiblesse les porte à se tenir obscurément épars dans les flots qui les balancent confondus, ils brillent au milieu des dangers. En effet, ce n'est que lorsqu'on tourmente un animal pareil qu'il lance ses feux dans l'obscurité, et c'est seulement entre les vagues qui les froissent en se heurtant, ou par le choc d'un corps résistant, ou bien au sillage d'un vaisseau dont le remous les fatigue, qu'on voit tout-à-coup scintiller leur masse incandescente.

« L'analogie des vers mollusques, qui forment une famille naturelle très-remarquable, disions-nous (*Voyage en quatre îles d'Afrique*, tom. I, p. 112) il y a plus de vingt ans, et des microscopiques, appelés provisoirement *Infusoires*, est si marquée, qu'on a cru pouvoir en conclure que comme les mollusques gélatineux, les myriades d'animaux imperceptibles que contiennent les eaux de la mer ont la faculté de briller également à volonté, qu'ils déploient de même cette faculté dans les mêmes circonstances, et que c'est à cette phosphorescence des microscopiques marins qu'il faut attribuer celle de l'Océan. Le plus grand nombre d'étincelles phosphoriques, dans les amas de plantes marines qui servent de retraite à un plus grand nombre d'infusoires marins, seroit une présomption en faveur de cette opinion à peu près reçue. Mais pourquoi les Paramœcies, les Cyclides, les Bursaires et les Vorticelles d'eau douce ne sont-elles pas aussi phosphoriques? pourquoi dans les grands marais, où le microscope nous montre une aussi grande quantité d'animaux imperceptibles à l'œil désarmé que d'eau marécageuse? pourquoi ne voyons-nous rien de semblable, même en diminutif, aux lueurs jaillissantes de la mer immense, mais non moins peuplée? Disons le franchement, on n'a encore publié aucune observation microscopique dont on puisse appuyer l'opinion de ceux qui expliquent la phosphorescence de la mer par les animalcules dont elle est remplie. Ce n'est que sur l'analogie, souvent trompeuse, qu'on a bâti de tels systèmes et brodé des canevas à déclamations. Personne n'a jamais dit avoir vu de ses yeux briller un mollusque invisible à l'œil nu, pas plus qu'un infusoire. »

Quant à nous, qui durant notre voyage dans un autre hémisphère avons scruté toutes les eaux, nous n'avons que par hasard trouvé quelques Microscopiques dans les eaux scintillantes, et ils n'y scintilloient pas. Nous avons d'autres fois éteint la lampe astrale, dont l'éclat nous servoit pendant des nuits entières à éclairer le porte-objet de notre microscope, quand son champ embrassoit des milliers de petits animaux dans une goutte d'eau de mer, et nous avons alors cessé d'y distinguer quoi que ce soit. Pour peu que les Microscopiques mis en expérience eussent été lumineux, ils fussent demeurés visibles. Il nous demeure conséquemment démontré que les animalcules marins ne sont pour rien dans un phénomène qu'on leur attribue cependant aujourd'hui, par analogie, d'un commun accord, et principalement sur l'autorité de M. Péron. Ce qui confirme cette maxime du grand Bacon : que l'analogie et le consentement unanime des hommes ne sont pas toujours des preuves suffisantes de la réalité des choses.

FIN.

www.ingramcontent.com/pod-product-compliance
Ingram Content Group UK Ltd.
Pitfield, Milton Keynes, MK11 3LW, UK
UKHW020329180726
13839UKWH00002B/615